池田愛實 職人免揉麵包

出身藍帶學院的麵包師教您輕鬆烘焙40⁺天然美味麵包

No Knead Bakery Bread

池田愛實

前言

十幾年前我開始做麵包時，在家庭麵包的製法當中，「免揉」技法還非常罕見。
站在工作檯前咚咚咚的捶打、揉麵糰15分鐘甚至將近30分鐘，才能把麵糰做好。雖然我不排斥這些過程，但捶打聲音很響，如果要經常做麵包，這的確是一項費力的勞動。
麵包，是很多人拿來當作每天早餐的「主食」之一。
如果在家也能輕鬆做麵包就好了──當時我有了這樣的想法。

幾年之後，我摸索如何在家順利烤出硬式麵包時，開始採用了免揉麵包的技法。
我用免揉技法製作法國鄉村麵包和長棍麵包，結果烤出了表皮硬脆、裡面充滿氣泡的軟Q麵包，超乎了我的預期。
我想同樣的技法或許也可以應用在軟式麵包上，於是就動手試做看看了。烤出來的軟式麵包口感酥脆而富有彈性，和揉過的麵包稍有不同，但同樣好吃。

從此之後，「免揉」就成為我製作麵包的選項之一。我每天都邊問自己：「不用揉也做得出來嗎？」邊研究嘗試製作各式各樣的麵包。

我做的免揉麵包不只是把材料混合起來而已，在發酵過程中還會加上一道「拉摺」步驟，用拉摺麵糰來強化麩質，讓麵糰變得更加滑順。

家裡做的麵包形狀不太好看也OK，只要家人稱讚好吃就心滿意足了！
這麼想也沒錯。不過，如果學會可以同時做出美味又美觀的麵包製法，不僅會改變做麵包的態度，也會影響烘焙的成果。

我在開始主持烘焙教室之前，曾經有幸在法國一流師傅們的門下工作。我在他們身旁學會了很多能夠烤出兼具美味與美觀麵包的製作技法。
既然要花同樣的時間和精力來烤麵包，如果能烤出和陳列在烘焙店裡一樣的麵包，獲得到的成就感一定更大吧！

我把至今學會的技術，結合了免揉麵包的技法，寫成了這本書。如果不必花過多的時間與勞力，又能做出讓身心都感到愉快的麵包，那麼「今天也來烤個麵包吧！」就更容易說出口，也會想要持續下去了。
如果這本書能成為您想持續做麵包的契機，是我的榮幸。

池 田 愛 實

本書製作麵包的特色

1 不用揉

2 酵母粉用量減少

本書介紹的麵包都不需要揉麵糰就可以製作。只要將麵粉和水混合均勻後，靜置20分鐘以上，就能產生水合作用（麵粉的蛋白質與水結合），形成麩質，中途還會做一道摺疊麵糰的手續（稱為「拉摺」）來再度強化麩質。如此就能讓麵糰發酵得更飽滿，做出滑嫩又好看的麵包。

有的食譜會建議150g麵粉要加3g酵母粉，本書的用量剛好是一半1.5g。硬式麵包還要再減一半＝0.75g。如此可減緩麵糰的發酵速度。麵粉和水混合後，經過長時間的靜置，就能夠引出麵粉原本的美味，也可抑制酵母菌吃掉麵糰內的糖分，而烤出帶有天然香甜味的麵包。

3 低溫冷藏
緩慢發酵

4 想要烤時
就能烤

加入少量酵母粉的麵糰，放在冰箱的蔬果室中進行第一次發酵。靜置一個晚上，讓麵糰在低溫下慢慢地長時間發酵，就能做出具麵粉香甜味的麵包。蔬果室的溫度是3～8℃，比冷藏室溫度（2～5℃）稍高，是讓添加少量酵母的麵糰慢慢發酵的適宜環境。用這種麵糰烤出的麵包，每一口都美味。

在蔬果室中緩慢發酵的麵糰，發酵速度不會突然加快，放兩天也沒問題。如果隔天忙不過來，再過一天再烤也OK。根據自己的狀況來調整烘焙時程，不必趕在一天之內完成所有作業。把「製作麵糰～第一次發酵前」、「第一次發酵後～烘烤」分成兩天來完成，可以讓您更從容安排製作麵包的時間。

contents

PART 3

免用烤模的**硬式麵包**

PART 4

摺疊2次的**摺疊麵包**

column

【**本書用法**】

・1大匙＝15ml，1小匙＝5ml，1杯＝200ml。

・硬式麵包適合的水分、溫度請參考第54頁，其他麵包適合的水分、溫度請參考第14頁，請事先調整好溫度。

・烤箱使用電烤箱。請先預熱至指定的溫度。烘烤時間會隨烤箱的功率或機種有若干差異。請以食譜的時間為準，視情況做調整。

・使用瓦斯烤箱時，請將食譜的溫度降低約20℃左右。

・微波爐的加熱時間以600Ｗ的機種為準。使用500Ｗ的機種時，所需時間約為1.2倍。依機種不同，會有些許差異。

BASIC

免揉麵包
基本款

Table roll
餐包

麵粉、鹽巴、酵母，再加些砂糖和牛奶做成的微甜麵包。
法語中稱為「PAVÉ」的石疊麵包，十分容易製作，
不用把麵糰整形成圓球，只要將麵糰摺疊起來，
再用刀切成小份，就可以送進烤箱。
先用這款麵包來掌握免揉麵包的基本作法和流程。
透過低溫發酵而引出香甜味製成的餐包，是永遠吃不膩的美味。

Table roll
餐包

材料 （6個6×6cm麵包分量）

A 高筋麵粉…150g
┌ 砂糖…20g
└ 鹽巴…3g
B 酵母粉…½小匙（1.5g）
┌ 牛奶…110g*
└ 米油…10g
增添色澤用蛋液（或牛奶）…適量

*夏天放進冰箱冷藏，冬天溫熱到30℃（不燙手的溫度）。溫度調
　整方式請參考第14頁。

1 製作麵糰

依序將**B**量好分量倒進玻璃調理
盆中，用打泡器攪拌均勻。

*酵母粉沒有完全溶解也OK。

依序將**A**量好分量倒進盆中。

*方便的作法是將調理盆放在電子秤
　上，依照材料順序一一量好分量加進
　盆裡。

用刮板的圓弧邊來混合所有材
料。

不斷從盆底將麵糰翻起混合2分
鐘，直到無粉狀為止。

麵糰攪拌至沒有粉狀結塊，整體
混合均勻就可以了。

靜置（**30分鐘**）

覆蓋保鮮膜，在室溫下靜置30分
鐘。

拉摺

用沾濕的手,從盆緣將麵糰拉起來,

往中心摺疊,沿著盆緣重複此動作1圈半(拉摺)。

麵糰往中心集中後(如圖所示),將麵糰翻面,收口朝下。

靜置(30分鐘)

覆蓋保鮮膜,在室溫下靜置30分鐘。

2 第一次發酵

用膠帶等在麵糰邊緣做記號,放進冰箱蔬果室中,發酵一晚(6小時)～最長2天。

麵糰高度膨脹到兩倍以上即可。將麵糰從蔬果室中取出,在室溫下靜置30分鐘回溫(盛夏期間,請直接進行下一個步驟)。

＊若麵糰沒膨脹到兩倍高度時,請靜置在室溫下,直到高度變兩倍以上。

【製作要點】
從蔬果室中取出的麵糰,
要靜置在室溫下30分鐘!

為引出麵粉的香味,將麵糰放進蔬果室進行一整晚的低溫發酵,剛取出時是冷卻的狀態。請在室溫下回溫後再進行下一個步驟。高度沒膨脹到兩倍時,請靜置室溫下,直到脹大兩倍以上。

3 整形

麵糰表面撒上手粉（高筋麵粉，分量外），用刮板沿著調理盆內緣繞刮一圈，將麵糰剝離調理盆，

＊用刮板比較不會傷到麵糰。

將調理盆迅速側翻倒扣，取出麵糰。

＊撒有手粉的那一面朝下。

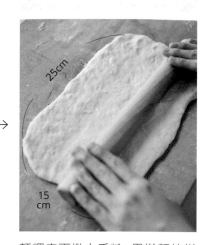

麵糰表面撒上手粉，用擀麵棒擀成寬25×15cm的長方形，

分別從左、右的⅓處往中間摺疊，摺成三褶。

將麵糰旋轉90度，寬邊朝向自己，再用擀麵棒擀成同樣大小的長方形，

再分別從左、右將麵糰摺成三褶。

將麵糰翻面，用擀麵棒擀成長15×寬10cm的長方形。

用刀子薄薄切齊四邊，再切成2×3列的6個小方塊。

 →  →

切好的小方塊麵糰平均分散擺在鋪好烘焙紙的烤盤上（切下的邊緣也整形成一團放上去），利用烤箱的發酵功能，以35℃發酵45分鐘。

＊或蓋上乾布，在室溫下發酵到脹大一圈為止。

麵糰稍微膨脹起來就可以了。烤箱預熱至200℃。

用刷子在表面刷上一層蛋液（或牛奶），在預熱至200℃烤箱中烘烤約10分鐘，烤到出現黃褐色的烤色。

ARRANGE 變化款

油炸
黃豆粉麵包

第二次發酵過的麵糰不放進烤箱了，改用油炸得酥酥脆脆的。
撒一層滿滿黃豆粉與砂糖的油炸麵包，咬勁十足，非常美味。
這款麵包令人想起小學的營養午餐，有點懷舊的滋味。

材料 （6個6×6cm麵包分量）

A
B] 與「餐包」（第10頁）相同

C 黃豆粉、砂糖…各2大匙
└ 鹽巴…1撮

沙拉油…適量

作法

1 製作麵糰 ～ 第二次發酵 與「餐包」（第10～13頁）相同。

2 小鍋裡倒進沙拉油，加熱到中溫（170℃），一次放進2～3個步驟1做好的小麵糰，單面各炸2分30秒，直到炸成淺褐色為止。乘熱撒上混合好的 **C**。

免揉麵包
Q&A

Q 麵糰沒有順利發酵時，該怎麼辦？

麵包麵糰的發酵會受到溫度的影響。混合好的麵糰的理想溫度為23～26℃。要讓第一次發酵順利進行的水分、溫度標準是：麵粉溫度＋水分溫度+室溫＝55～60。因此，在麵粉是常溫保存（＝與室溫相同）的前提下，各季節調整溫度的方法如下。

- ● **春·秋**（室溫20℃）
  ⇒約20℃（與自來水的溫度相近）。牛奶要用微波爐加熱10～20秒。

- ● **夏**（室溫30℃）
  ⇒放進冰箱冷藏，讓溫度降到10℃以下。

- ● **冬**（室溫15℃）
  ⇒用微波爐加熱20～30秒，讓溫度上升到30℃左右（摸起來微溫的程度。務必控制在40℃以下）

水分、溫度的調整方式隨季節而不同，請事先調整好，再加入材料中。

Q 如果烤箱沒有發酵功能呢？

可以蓋上乾燥的布，在室溫下做第二次發酵。夏天大約需要1小時，其他季節大約1個半小時～2小時，以此為基準發酵看看。期間如果麵糰變乾了，用噴霧器輕輕在上面噴點水即可。

Q 可以同時製作數倍的麵糰嗎？

可以的。發酵時間相同，但數量增加時，烤箱的火力會分配不均，可能需要較長的烘烤時間。因此盡量將麵糰分散放在烤盤上，或者分開放在兩個烤盤上，並注意烘烤的狀態，視情況增減時間。下層烤盤的麵糰比較不容易出現烤色，可以在預設完成時間前3～5分鐘，把上層和下層烤盤的位置對調，就能讓每個麵包的烤色均勻了。

Q 想吃剛出爐的麵包，要怎麼安排烘焙的時程呢？

雖然因麵糰的種類不同，會有些差異，但第一次發酵後大約需要1個半小時～2個小時的作業時間。所以在想吃麵包的2個小時左右之前，就要把麵糰從冰箱蔬果室裡拿出來。此外，可頌麵包的麵糰製作是把奶油摺進麵糰裡，就放進冰箱冷藏保存，想吃的時候只要分切、捲好、發酵之後進烤箱烘烤即可。

Q 可以在常溫下，進行第一次發酵嗎？

餐包、鬆軟麵包、迷你吐司都可以在常溫下進行第一次發酵。以2小時～2個半小時為基準，將麵糰放在室溫下，直到高度膨脹到兩倍以上。硬式麵包的麵糰，在低溫的狀態下比較容易整形，也比較容易劃出割紋，摺疊麵包的奶油也比較不會融化，因此建議這類麵包的麵糰仍是放在冰箱蔬果室進行低溫發酵。

Q 隔天無法烘烤時，該怎麼辦？

麵糰在冰箱蔬果室中進行第一次發酵後，最多可以保存兩天，因此再隔一天再拿出來也沒問題。如果超過兩天，麵糰的膨脹效果會變差，也會出現酸味。這時就算不馬上食用，也要先烘烤起來，放在冷凍庫保存。摺疊麵包在整形後，也可以放進冷凍庫保存。

Q 用瓦斯烤箱的烘烤技巧？

本書的食譜都是以「電烤箱」烘烤為主。使用瓦斯烤箱時，請將溫度降低20℃左右，按照食譜調整烘烤的時間。但是，硬式麵包在噴霧、加熱水之後，以180℃烤8分鐘（而不是10分鐘）就要關掉電源。之後取出上層烤盤，以230℃並參照食譜的時間，烤到自己喜歡的烤色出現為止。

Q 沒吃完的麵包要怎麼保存？

烤好的麵包隔兩天也沒辦法吃完時，建議放冷凍保存。用保鮮膜分別以一次能吃完的分量包好，裝進夾鏈袋後放進冷凍庫（大約可保存1個月）。要吃的時候，可在室溫下自然回溫或是以微波爐解凍，或用烤麵包機烘烤一下。

PART 1

免用烤模的
鬆軟麵包

以牛奶當水分，再加點食用油，做起來極為簡單的麵糰，

所烤出的鬆軟麵包，充滿柔潤與蓬鬆的口感。

由於這類麵包多半容易整形，所以推薦給剛開始動手做麵包的朋友。

除了適合當作餐點的餡料麵包之外，菠蘿麵包和肉桂卷等

烘焙店裡的人氣麵包，都會在本章節陸續登場喔！

Heidi's white bread

海蒂的白麵包

具柔軟蓬鬆口感的白麵包，是人人都喜愛的滋味。
用擀麵棒用力往下壓，在麵糰中間壓出一道深溝，就做出鮮明的造型。
由於以低溫烘烤，表面不會出現烤色。若要確認麵包是否烘烤完成，
只要檢查一下麵包底部是否烤出烤色即可。

Heidi's white bread

海蒂的白麵包

材料（5個直徑8cm麵包分量）

A 高筋麵粉…150g
　 砂糖…15g
　 鹽巴…3g

B 酵母粉…½小匙（1.5g）
　 牛奶…100g*
　 米油…10g

＊夏天放在冰箱冷藏，冬天加熱到30℃（不燙手的溫度）。溫度的調整方式請參考第14頁。

---

1 製作麵糰

依序將**B**量好分量倒進盆中，用打泡器拌勻，再依序將**A**量好分量倒入盆中，用刮板攪拌2分鐘，直到無粉狀為止。

靜置（30分鐘）

覆蓋保鮮膜，在室溫下靜置30分鐘。

拉摺

用沾濕的手，從盆緣將麵糰拉起來，

靜置（30分鐘）

往中心摺疊，沿著盆緣重複此動作1圈半（拉摺）。將麵糰翻面，覆蓋保鮮膜，在室溫下靜置30分鐘。

2 第一次發酵

用膠帶等在麵糰邊做記號，放進冰箱蔬果室中，發酵一晚（6小時）～最長2天。

麵糰高度膨脹到兩倍以上即可。將麵糰從蔬果室中取出，放在室溫下30分鐘回溫（盛夏期間，請直接進行下一個步驟）。

＊麵糰高度沒膨脹到兩倍時，請放在室溫下，直到高度變兩倍以上。

3 分切&滾圓

麵糰表面撒手粉（高筋麵粉，分量外），用刮板將麵糰剝離調理盆，將盆倒扣，取出麵糰。再撒上手粉，呈放射狀切成5等份。

＊1份麵糰約55g

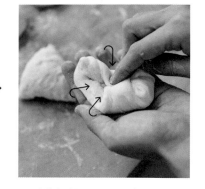

用手將麵糰壓平，壓出裡面的空氣，再將麵糰邊往內摺成圓形，

翻面，用手整形成表面鼓脹的圓球。

底部用手捏緊。

4 靜置時間

將捏好的麵糰放在工作檯上，蓋上乾布，在室溫下靜置10分鐘。

5 整形

撒上手粉，用擀麵棒從麵糰中間往下壓出深溝，但不要壓斷。

6 第二次發酵

將麵糰平均分散放在鋪好烘焙紙的烤盤上，用手捏合中間的深溝，用烤箱的發酵功能，以35℃發酵50分鐘。

＊或是蓋上乾布，在室溫下發酵到麵糰脹大。

麵糰有脹大就OK。烤箱預熱至180℃。

7 烘烤

用手持式篩網將高筋麵粉（分量外）篩在表面上，將烤箱溫度重新設定成140℃，烘烤約10分鐘。

＊底部出現烤色就OK了。若沒出現烤色，就再多烤1～2分鐘，以此類推。

豆腐麵包

把豆腐混入麵糰裡，
不用油就能烤出柔潤的口感。
保留了豆腐中的水分，
麵糰的水分用量就要減少。
黑芝麻的香氣與顆粒增添了風味，
是一款樸實卻令人愛不釋手的麵包。

材料（5個直徑7cm麵包分量）

A 高筋麵粉…150g
　　砂糖…15g
　　鹽巴…3g
　　香煎黑芝麻…6g（1大匙）

B 酵母粉…½小匙（1.5g）
　　水…60g
　　絹豆腐…60g（⅛塊）

作法

1 製作麵糰　依序將**B**量好分量加進調理盆中，用打泡器邊壓碎豆腐邊攪拌，再依序將**A**量好分量加進盆中，用刮板攪拌2分鐘，直到無粉狀為止。覆蓋保鮮膜，在室溫下靜置30分鐘。

2 用沾濕的手從盆緣將麵糰拉起來，往中心摺疊，沿著盆緣重複此動作1圈半。將麵糰翻面，覆蓋保鮮膜，在室溫下靜置30分鐘。

3 第一次發酵　將裝有麵糰的調理盆放進冰箱蔬果室中，發酵一晚（6小時）～最長2天，直到麵糰的高度膨脹到兩倍以上。從蔬果室中取出麵糰，放在室溫下30分鐘回溫（盛夏期間，請直接進行下一個步驟）。

4 分切＆滾圓　靜置時間　麵糰表面撒上手粉（高筋麵粉，分量外）後取出麵糰，再撒上手粉，用刮板呈放射狀切成5等份。用手整形成表面鼓脹的圓球，底部用手捏緊。蓋上乾布，在室溫下靜置10分鐘。
＊1份麵糰約58g

5 整形　第二次發酵　再次用手將麵糰整形成表面鼓脹的圓球，底部用手捏緊。將麵糰放在鋪好烘焙紙的烤盤上，用烤箱的發酵功能，以35℃發酵50分鐘。
＊或是蓋上乾布，在室溫下發酵到麵糰脹大為止。

6 烘烤　用手持式濾網將高筋麵粉（分量外）篩在表面上，在預熱至180℃的烤箱中烘烤約12分鐘。

德式香腸麵包

Wiener bread

提到餡料麵包的代表，不外乎就是這款夾了德式香腸的麵包。

沒有長型德式香腸時，也可以將麵糰分切得更小來製作。

不加醬料就夠美味，建議擠上番茄醬之後，

再添加顆粒芥末醬烘烤，來增添這款麵包的成熟風味。

22

材料（5個直徑12cm長型麵包分量）

A 高筋麵粉…150g
　　砂糖…10g
　　鹽巴…3g

B 酵母粉…½小匙（1.5g）
　　蛋液50g（取出1大匙另作塗抹材料）＋牛奶…105g
　　米油…10g

德式香腸（13cm長）…5條

番茄醬…適量

作法

1 製作麵糰　依序將**B**量好分量加進調理盆中，用打泡器攪拌均勻，再依序將**A**量好分量加進盆中，用刮板攪拌2分鐘，直到無粉狀為止。覆蓋保鮮膜，在室溫下靜置30分鐘。

2 用沾濕的手從盆緣將麵糰拉起來，往中心摺疊，沿著盆緣重複此動作1圈半。將麵糰翻面，覆蓋保鮮膜，在室溫下靜置30分鐘。

3 第一次發酵　將裝有麵糰的調理盆放進冰箱蔬果室中，發酵一晚（6小時）～最長2天，直到麵糰高度膨脹到兩倍以上。從蔬果室中取出麵糰，放在室溫下30分鐘回溫（盛夏期間，請直接進行下一個步驟）。

4 分切&滾圓　靜置時間　在麵糰表面撒上手粉（高筋麵粉，分量外）後取出麵糰。再撒上手粉，用刮板呈放射狀切成5等份。用手整形成表面鼓脹的圓球，底部用手捏緊。蓋上乾布，在室溫下靜置10分鐘。
＊1份麵糰約55g

5 整形　第二次發酵　撒上手粉，將麵糰翻面，用手壓成直徑8cm的麵皮，依序從上方⅓處（圖**a**）及下方⅓處（圖**b**）往中間摺疊，再從上往下對摺（圖**c**），把收口牢牢捏緊。收口朝下，用擀麵棒在中間壓出一道深溝（圖**d**），把德式香腸擺在溝槽上壓緊。再放在鋪好烘焙紙的烤盤上，用烤箱的發酵功能，以35℃發酵50分鐘。
＊或是蓋上乾布，在室溫下發酵到麵糰脹大。

6 烘烤　把德式香腸緊緊壓到麵糰裡，用刷子將之前取出的蛋液塗在表面上，擠上番茄醬，在預熱至180℃的烤箱中烘烤約12分鐘。

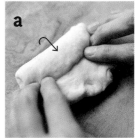

a

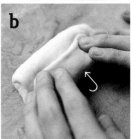

b

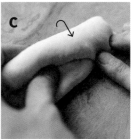

c

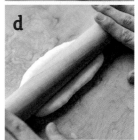

d

Corn bread

玉米麵包

結合了玉米和鮪魚兩種人氣材料的餡料麵包。
製作訣竅在於把食材的汁液瀝乾。
玉米罐頭的味道決定了這款麵包的口味，
因此請選用自己喜愛的品牌。

Shrimp gratin bread

焗烤鮮蝦麵包

淋上白醬的焗烤麵包，很適合當午餐。
也可嘗試使用自己喜愛的食材來當餡料。
不論是煙熏鴨肉或煮熟的雞肉、菠菜
都美味豐富喔！

玉米麵包

材料 （5個直徑10cm麵包分量）

A 高筋麵粉…150g

　　砂糖…10g

　　鹽巴…3g

B 酵母粉…½小匙(1.5g)

　　蛋液50g(取1大匙另作塗抹用)＋牛奶…105g

　　米油…10g

C 玉米粒(罐頭‧瀝乾汁液)…130g

　　美乃滋…3大匙

鮪魚罐頭(瀝乾汁液)…½小罐(35g)

潤飾用美乃滋…適量

作法

1 **製作麵糰** 依序將**B**量好分量加進調理盆中，用打泡器攪拌均勻，再依序將**A**量好分量加進盆中，用刮板攪拌2分鐘，直到無粉狀為止。覆蓋保鮮膜，在室溫下靜置30分鐘。

2 用沾濕的手從盆緣將麵糰拉起來，往中心摺疊，沿著盆緣重複此動作1圈半。將麵糰翻面，覆蓋保鮮膜，在室溫下靜置30分鐘。

3 **第一次發酵** 將裝有麵糰的調理盆放進冰箱蔬果室中，發酵一晚（6小時）～最長2天，直到麵糰高度膨脹到兩倍以上。從蔬果室中取出麵糰，放在室溫下30分鐘回溫（盛夏期間，請直接進行下一個步驟）。

4 **分切&滾圓** **靜置時間** 在麵糰表面撒上手粉（高筋麵粉，分量外）後，取出麵糰。再撒上手粉，用刮板呈放射狀切成5等份。用手整形成表面鼓脹的圓球，底部用手捏緊。蓋上乾布，在室溫下靜置10分鐘。

＊1份麵糰約55g

5 **整形** **第二次發酵** 撒上手粉，用擀麵棒擀成直徑9cm的圓形。用手按壓麵糰，保留1.5cm的邊緣不壓，將麵糰整形成外凸內凹（圖**a**）。依序將混合好的**C**→鮪魚平均放在每份麵糰上，再放在鋪好烘焙紙的烤盤上，用烤箱的發酵功能，以35℃發酵50分鐘。

＊或是蓋上乾布，在室溫下發酵到麵糰脹大。

a

6 **烘烤** 用刷子將之前取出的蛋液塗在麵糰邊緣，美乃滋擠成細長條狀鋪在餡料上，在預熱到180℃的烤箱中烘烤約12分鐘。

焗烤鮮蝦麵包

材料 （5個直徑10cm麵包分量）

A
B　與上面「玉米麵包」相同

去殼鮮蝦(清除背部的腸泥)…小15尾(70g)

青花菜(用加鹽熱水燙過後備用)…10朵

【白醬】

　　牛奶…130ml

　　奶油…10g

　　洋蔥(切碎)…¼個

　　低筋麵粉…1大匙

　　鹽巴…⅓小匙

披薩用乳酪絲…4大匙

作法

1 同上面。製作白醬，先在平底鍋將奶油融化，以中火炒洋蔥，再將低筋麵粉用篩網篩入鍋裡，炒到無粉狀為止，接著將牛奶慢慢倒進鍋裡，用木鍋鏟攪拌，再加鹽巴，持續加熱到黏稠狀後，熄火放涼。依序將白醬→鮮蝦和青花菜平均放入麵糰的凹處，在第二次發酵後鋪放乳酪絲烘烤。

楓糖堅果辮子麵包

以大量的楓糖漿代替砂糖，楓糖漿不僅要均勻混入麵糰裡，
送進烤箱前還要再塗上一層，使烤出的鬆軟麵包，
散發出淡淡的楓糖香氣。麻花辮造型可愛極了，
夾在麵包裡的堅果口感爽脆，為這款麵包增添了層次感。

材料 （1個24cm長麵包分量）

A 高筋麵粉…150g
  └ 鹽巴…3g
楓糖漿…40g
B 酵母粉…½小匙（1.5g）
  │ 牛奶…50g
  │ 水…40g
  └ 米油…10g
杏仁（整顆）…20g
核桃…20g
潤飾用楓糖漿…2小匙

事前準備

· 杏仁與核桃用烤箱以170℃烘烤7分鐘
  （或以上），用手將核桃剝成兩半。

作法

1 製作麵糰 依序將**B**量好分量加進調理盆中，用打泡器攪拌均勻，再依序將楓糖漿和**A**量好分量加進盆中，用刮板攪拌2分鐘，直到無粉狀為止。加入堅果，攪拌均勻。覆蓋保鮮膜，在室溫下靜置30分鐘。

2 用沾濕的手從盆緣將麵糰拉起來，往中心摺疊，沿著盆緣重複此動作1圈半。將麵糰翻面，覆蓋保鮮膜，在室溫下靜置30分鐘。

3 第一次發酵 將裝有麵糰的調理盆放進冰箱蔬果室中，發酵一晚（6小時）～最長2天，直到麵糰的高度膨脹到兩倍以上。從蔬果室中取出麵糰，放在室溫下30分鐘回溫（盛夏時期，請直接進行下一個步驟）。

4 分切&滾圓 靜置時間 在麵糰表面撒上手粉（高筋麵粉，分量外）後取出麵糰。再撒上手粉，用刮板呈放射狀切成3等份。用手整形成表面鼓脹的圓球，底部用手捏緊。蓋上乾布，在室溫下靜置10分鐘。
＊1份麵糰約112g

5 整形 第二次發酵 撒上手粉，將麵糰翻面，用手壓成15cm寬的橢圓形，依序從上方⅓處（圖**a**）、下方⅓處往中間摺疊，再從上往下對摺（圖**b**），牢牢捏緊收口。用手滾成25cm長的粗麵條狀，分成三條，縱向排列，放在鋪好烘焙紙的烤盤上，將外側的麵條交互放到另兩條中間，如此左右交錯編成麻花辮（圖**c**）。然後將上、下兩邊捏合（圖**d**）。用烤箱的發酵功能，以35℃發酵50分鐘。
＊或是蓋上乾布，在室溫下發酵到麵糰脹大。

6 烘烤 用刷子將楓糖漿塗在麵糰表面上，在預熱至180℃的烤箱中烘烤約18分鐘。

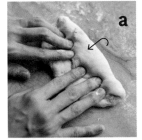
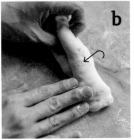
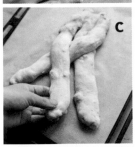

Cinnamon roll

肉桂卷

麵糰擀成較大的麵皮，捲入滿滿的肉桂糖粉，
就能做出像陳列在麵包店般可口香甜的肉桂卷。
肉桂卷最適合搭配糖霜，也可以鋪上杏仁片來烘烤，
或是淋上用糖粉、肉桂和少量的水調配成的肉桂糖霜，更加美味。

材料 （4個直徑7cm麵包分量）

A 高筋麵粉…150g

  砂糖…15g

  鹽巴…3g

B 酵母粉…½小匙（1.5g）

  蛋液…30g

  牛奶…85g

  無鹽奶油…15g

【肉桂糖粉】

  砂糖…30g

  肉桂粉…5g

  荳蔻粉（有的話可添加）…少量

事前準備

· 奶油以微波爐加熱40秒融化，散熱後備用。

作法

1 製作麵糰 依序將**B**量好分量加進調理盆中，用打泡器攪拌均勻，再依序將**A**量好分量加進盆中，用刮板攪拌2分鐘，直到無粉狀為止。覆蓋保鮮膜，在室溫下靜置30分鐘。

2 用沾濕的手從盆緣將麵糰拉起來，往中心摺疊，沿著盆緣重複此動作1圈半。將麵糰翻面，覆蓋保鮮膜，在室溫下靜置30分鐘。

3 第一次發酵 將裝有麵糰的調理盆放進冰箱蔬果室中，發酵一晚（6小時）～最長2天，直到麵糰的高度膨脹到兩倍以上。從蔬果室中取出麵糰，放在室溫下30分鐘回溫（盛夏期間，請直接進行下一個步驟）。

4 整形 第二次發酵 在麵糰表面撒上手粉（高筋麵粉，分量外）後取出麵糰，再撒上手粉，用擀麵棒擀成長40×寬16cm的麵皮，用噴霧器在整張麵皮上噴霧，薄鋪一層混合好的肉桂糖粉，只保留下方的2cm麵皮不鋪（圖**a**）。從上方朝下將麵皮輕輕捲起來（圖**b**），捲完後用手捏緊收口。用刀薄薄切掉兩側麵皮，再分切成4等份，將切面朝上，放在鋪好烘焙紙的烤盤上。用手輕壓整平歪斜的切面（圖**c**）。用烤箱的發酵功能，以35℃發酵50分鐘。

＊或是蓋上乾布，在室溫下發酵到麵糰脹大。

5 烘烤 表面上用噴霧器噴霧，在預熱至180℃的烤箱中烘烤約15分鐘。

＊依個人喜好，也可在冷卻後塗上起司糖霜（以室溫下軟化的奶油起司25g、砂糖15g、檸檬汁½小匙混勻製成）。

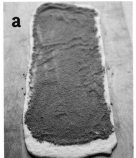

29

Melon bread
波蘿麵包

麵包店裡最受歡迎的波蘿麵包。為了讓麵包表面香脆，
特別用冷卻的奶油製作餅乾麵糰。雖然奶油不容易與蛋液融合，
但加點麵粉就能混勻整形。用擀麵棒擀麵皮時，要將邊緣擀得稍薄一點。
以較低溫度進行第二次發酵，餅乾麵糰就不會鬆垮掉了。

材料 （5個直徑9cm麵包分量）

A 高筋麵粉…150g

　　砂糖…15g

　　鹽巴…3g

B 酵母粉…½小匙（1.5g）

　　蛋液…30g

　　牛奶…85g

　　無鹽奶油…15g

【餅乾麵糰】

　　低筋麵粉…70g

　　杏仁粉…20g

　　無鹽奶油…20g

　　砂糖…35g

　　蛋液…20g

事前準備

・用來製作麵糰的奶油先用微波爐加熱40秒，融化後散熱備用。

作法

1 　製作麵糰　依序將**B**量好分量加進調理盆中，用打泡器攪拌均勻，再依序將**A**量好分量加進盆中，用刮板攪拌2分鐘，直到無粉狀為止。覆蓋保鮮膜，在室溫下靜置30分鐘。

2 用沾濕的手從盆緣將麵糰拉起來，往中心摺疊，沿著盆緣重複此動作1圈半。將麵糰翻面，覆蓋保鮮膜，在室溫下靜置30分鐘。

3 　第一次發酵　將裝有麵糰的調理盆放進冰箱蔬果室中，發酵一晚（6小時）～最長2天，直到麵糰的高度膨脹到兩倍以上。從蔬果室中取出麵糰，放在室溫下30分鐘回溫（盛夏期間，請直接進行下一個步驟）。

4 　製作餅乾麵糰　在另一個調理盆中放進切成1cm塊狀的冷卻奶油，依序加進砂糖、蛋液，同時用刮板以切拌的方式混勻。接著加入粉類材料，仍以切拌的方式混勻，以免麵糰產生結塊，再用手聚合麵糰，分成5等份，分別整形成圓球後，各自包上保鮮膜，放進冰箱冷藏室冷卻。

5 　分切&滾圓　靜置時間　在步驟3發酵好的麵糰表面撒上手粉（高筋麵粉，分量外）後取出麵糰。再撒上手粉，用刮板呈放射狀切成5等份。用手整形成表面鼓脹的圓球，底部用手捏緊。蓋上乾布，在室溫下靜置10分鐘。餅乾麵糰上也撒上手粉，用擀麵棒擀成直徑10cm的麵皮。

＊1份麵包麵糰約58g

6 　整形　第二次發酵　再次將麵包麵糰整形成表面鼓脹的圓球，底部用手捏緊。餅乾麵皮的表面用噴霧器噴霧，調理盤裡放入2大匙砂糖（分量外），將餅乾麵皮一面沾糖（圖**a**），沾有糖那一面朝外包裹住麵包麵糰（圖**b**，底下沒包到也沒關係），用刮板在表面上劃出3×3條的格狀花紋（圖**c**）。放在鋪好烘焙紙的烤盤上，用烤箱的發酵功能，以30℃發酵70分鐘。

＊或是蓋上乾布，在室溫下發酵到麵糰脹大。

7 　烘烤　在預熱至180℃的烤箱中，烘烤約15分鐘，直到餅乾麵皮出現烤色。

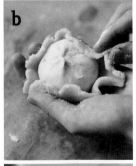

抹茶紅豆餅

人人喜愛的紅豆餅裡，夾進手作的求肥，
美味更上層樓。求肥用微波爐就可以輕鬆完工，
放涼後也不會乾硬。
用較輕的烤盤壓在麵糰上面烘烤，
就能烤出像店家做的扁平紅豆餅。
也可以嘗試一下不加求肥的版本，
沒有多的用來壓平的烤盤時，
將麵糰直接送進烤箱，烤出圓球狀紅豆餅也很可愛喔！

A 高筋麵粉…150g

　 砂糖…15g

　 鹽巴…3g

　 抹茶…6g

B 酵母粉…½小匙（1.5g）

　 牛奶…105g

　 米油…10g

市售紅豆泥…125g

【求肥】

　 白玉粉…25g

　 砂糖…25g

　 水…50g

太白粉、增添色澤用牛奶、香煎黑芝麻…各適量

作法

1 製作麵糰 依序將**B**量好分量加進調理盆中，用打泡器攪拌均勻，再依序將**A**量好分量加進盆中，用刮板攪拌2分鐘，直到無粉狀為止。覆蓋保鮮膜，在室溫下靜置30分鐘。

2 用沾濕的手從盆緣將麵糰拉起來，往中心摺疊，沿著盆緣重複此動作1圈半。將麵糰翻面，覆蓋保鮮膜，在室溫下靜置30分鐘。

3 第一次發酵 將裝有麵糰的調理盆放進冰箱蔬果室中，發酵一晚（6小時）～最長2天，直到麵糰高度膨脹到兩倍以上。從蔬果室中取出麵糰，放在室溫下30分鐘回溫（盛夏期間，請直接進行下一個步驟）。

4 製作求肥 將材料倒進耐熱容器裡，用橡膠刮刀攪拌，不覆蓋保鮮膜，放進微波爐加熱1分鐘後，攪拌均勻。再重複兩次「微波爐加熱30秒、攪拌均勻」的步驟，取出放在撒有太白粉的調理盤上（圖**a**），冷卻後分切成5等份。

5 分切&滾圓 靜置時間 在麵糰表面撒上手粉（高筋麵粉，分量外）後取出麵糰。再撒上手粉，用刮板呈放射狀切成5等份。用手整形成表面鼓脹的圓球，底部用手捏緊。蓋上乾布，在室溫下靜置10分鐘。

＊1份麵糰約57g

6 整形 第二次發酵 麵糰上撒上手粉後翻面，用擀麵棒擀成直徑10cm的麵皮，依序將求肥、紅豆泥平鋪在麵皮上（圖**b**），將麵皮邊緣往中央集中收合，包住內餡（圖**c**），用手捏緊收口。收口朝下，放在鋪好烘焙紙的烤盤上，用烤箱的發酵功能，以35℃發酵50分鐘。

＊或是蓋上乾布，在室溫下發酵到麵糰脹大。

7 烘烤 用刷子將牛奶刷在表面上，黑芝麻擺在正中間，上面蓋上烘焙紙，再放上另一個烤盤（圖**d**），在預熱至180℃的烤箱中，烘烤約12分鐘。

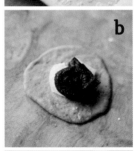

Naan
印度烤餅

不需要第二次發酵，用平底鍋就能煎出印度烤餅。建議搭配奶油咖哩雞一起享用。平底鍋較小時，也可以製作小尺寸的烤餅！

Cheese naan
起司烤餅

加了起司的印度烤餅，在印度咖哩餐廳裡也是受歡迎的料理。不沾咖哩直接吃，味道也很香甜可口。烤好後才塗奶油也是重點喔！

印度烤餅

材料 （2張20cm長的餅分量）

A 高筋麵粉…150g

　砂糖…15g

　鹽巴…3g

B 酵母粉…½小匙（1.5g）

　水…100g

　無鹽奶油…15g

潤飾用奶油…適量

事前準備

· 麵糰用的奶油，先用微波爐加熱40秒，融化後散熱備用。

作法

1 製作麵糰 依序將**B**量好分量加進調理盆中，用打泡器攪拌均勻，再依序將**A**量好分量加進盆中，用刮板攪拌2分鐘，直到無粉狀為止。覆蓋保鮮膜，在室溫下靜置30分鐘。

2 用沾濕的手從盆緣將麵糰拉起來，往中心摺疊，沿著盆緣重複此動作1圈半。將麵糰翻面，覆蓋保鮮膜，在室溫下靜置30分鐘。

3 第一次發酵 將裝有麵糰的調理盆放進冰箱蔬果室中，發酵一晚（6小時）～最長2天，直到麵糰的高度膨脹到兩倍以上。從蔬果室中取出麵糰，放在室溫下30分鐘回溫（盛夏期間，請直接進行下一個步驟）。

4 分切&滾圓 靜置時間 麵糰表面撒上手粉（高筋麵粉，分量外）後取出麵糰。再撒上手粉，用刮板切成2等份，用手整形成表面鼓脹的圓球，底部用手捏緊。蓋上乾布，在室溫下靜置10分鐘。

＊1份麵糰約140g

5 整形 烘烤 麵糰表面撒上手粉，用擀麵棒擀成22cm長的三角形麵皮。將麵皮直接放進加熱好的平底鍋中，兩面各烘烤3～4分鐘，烘烤到表面出現褐色（圖**a**），乘熱在兩面塗上室溫下軟化的奶油。

a

起司烤餅

材料 （2張20cm長的餅分量）

A
B ］與上面「印度烤餅」相同

披薩用乳酪絲…3大匙

潤飾用奶油…適量

事前準備與作法

1 與上面相同（在分切&滾圓步驟中，將麵糰切成2等份後，把乳酪絲包起來滾圓）。

Pita bread
比塔餅

圓鼓鼓的、可夾入餡料的比塔餅。
整形時，多用點力氣滾動擀麵棒，
麵糰裡面就會順利鼓脹起來產生空洞，
烘烤時間過長會使餅變硬，因此要留意這點。
可搭配加了香料的雞肉，和中東料理的代表鷹嘴豆泥
做成三明治。也可以夾入炸雞塊或烤肉來享用。

Cajun chicken sandwich
紐澳良烤雞三明治

Hummy sandwich
鷹嘴豆泥三明治

36

比塔餅

材料 （4張直徑13cm的餅分量）

A 高筋麵粉…150g
　砂糖…6g
　鹽巴…3g

B 酵母粉…½小匙（1.5g）
　水…95g
　米油…10g

作法

1　製作麵糰　依序將**B**量好分量加進調理盆中，用打泡器攪拌均勻，再依序將**A**量好分量加進盆中，用刮板攪拌2分鐘，直到無粉狀為止。覆蓋保鮮膜，在室溫下靜置30分鐘。

2　用沾濕的手從盆緣將麵糰拉起來，往中心摺疊，沿著盆緣重複此動作1圈半。將麵糰翻面，覆蓋保鮮膜，在室溫下靜置30分鐘。

3　第一次發酵　將裝有麵糰的調理盆放進冰箱蔬果室中，發酵一晚（6小時）～最長2天，直到麵糰的高度膨脹到兩倍以上。從蔬果室中取出麵糰，放在室溫下30分鐘回溫（盛夏期間，請直接進行下一個步驟）。

4　分切&滾圓　麵糰表面撒上手粉（高筋麵粉，分量外）後取出麵糰，用刮板呈放射狀切成4等份，用手整形成表面鼓脹的圓球，底部用手捏緊。
＊1份麵糰約64g

5　整形　烘烤　麵糰表面撒上手粉，用擀麵棒擀成直徑13cm的麵皮。將麵皮直接放進加熱好的平底鍋中烘烤3～4分鐘，當表面鼓脹起來後，翻面再烘烤2分鐘（圖**a**）。
＊整形時用擀麵棒用力滾動擀開，平底鍋充分加熱後再放入麵皮，就能烘烤出脹得飽滿的餅。

a

紐澳良烤雞三明治

材料 （4個分量）

比塔餅（對切後撐開）…2張
雞腿肉…1片（300g）
A 番茄醬…1大匙
　咖哩粉…1小匙
　蒜頭（磨成泥）、鹽巴…各½小匙
橄欖油…½大匙
生菜葉…4片
小番茄（縱切成4等份）…4個

作法

1　用混合好的**A**來醃雞肉，靜置30分鐘以上。用平底鍋加熱橄欖油，雞肉帶皮面朝下放入鍋裡，以中火煎5分鐘，翻面再煎5分鐘，雞肉表面煎出褐色後，切成容易入口的大小。依序將生菜葉、雞肉、小番茄夾進比塔餅裡。

鷹嘴豆泥三明治

材料 （4個分量）

比塔餅（對切後撐開）…2張
A 鷹嘴豆（水煮罐頭・瀝乾汁液）…100g
　白芝麻醬…2大匙
　檸檬汁、橄欖油…各1大匙
　蒜頭（磨成泥）、鹽巴…各¼小匙
茄子（斜切成1cm寬片狀）…2條
橄欖油…1大匙
杏仁（整顆・切粗粒）…4顆

作法

1　用食物攪拌器將**A**攪成泥狀（機器轉動不順暢時，可加一點罐頭的汁液）。用平底鍋加熱橄欖油，以中火將茄子兩面都煎出褐色。依序將鷹嘴豆泥、茄子和杏仁夾進比塔餅裡。

PART 2

用磅蛋糕烤模製作
迷你吐司

利用磅蛋糕烤模，可輕鬆做出能一次吃完的迷你吐司。

麵糰裡多添加一些水分，再加點蜂蜜，烤出來的吐司滑潤順口。

烘焙好的免揉麵包，會隨著時間逐漸變得有點乾鬆，

因此相較於一大條吐司，這種尺寸恰到好處，

用來分送給親朋好友或當伴手禮都很得宜。

Mini white bread
迷你白吐司

以免揉技法製作出來的白吐司,不僅柔軟有彈性,也略帶嚼勁,

還含有淡淡的甜味,是令人百吃不厭的吐司代表,

用烤麵包機烤一下,塗上奶油或果醬,或是做成三明治,都隨心所欲。

用蛋液代替牛奶塗在麵糰上來烘烤,出爐的麵包色澤會更加好看可口。

迷你白吐司

材料（1個18×8×6cm烤模分量）

A 高筋麵粉⋯150g
   砂糖⋯15g
   鹽巴⋯3g

B 酵母粉⋯½小匙（1.5g）
   牛奶⋯80g*
   水⋯40g*
   蜂蜜⋯5g
   米油⋯10g

增添色澤用牛奶⋯適量

*夏天先放冰箱冷藏室冷卻，冬天加熱到30℃（不燙手的溫度）。溫度的調整方式請參考第14頁。

1 製作麵糰

依序將**B**量好分量加入調理盆中，用打泡器攪拌均勻，再依序將**A**量好分量加進盆中，用刮板攪拌2分鐘，直到無粉狀為止。

靜置（30分鐘）

覆蓋保鮮膜，在室溫下靜置30分鐘。

拉摺

用沾濕的手，從盆緣將麵糰拉起來。

靜置（30分鐘）

從邊緣往中心摺疊，重複此動作1圈半（拉摺）。將麵糰翻面，覆蓋保鮮膜，在室溫下靜置30分鐘。

2 第一次發酵

麵糰邊用膠帶等做記號，放進冰箱蔬果室一晚（6小時）～最長2天，讓麵糰發酵。

麵糰的高度膨脹到兩倍以上就OK了。從蔬果室中取出，在室溫下靜置30分鐘回溫（盛夏期間請直接進行下一個步驟）。

*麵糰膨脹高度不到兩倍時，放在室溫下，直到脹大到兩倍以上。

3 分切 & 滾圓

表面撒上手粉（高筋麵粉，分量外），用刮板將麵糰剝離調理盆，將盆倒扣，取出麵糰，再撒上手粉，呈放射狀切成3等份。

＊1份麵糰約100g

用手壓平麵糰，擠出裡面的空氣，將麵糰邊往內集中聚合成圓球狀。

將麵糰翻面，整形成表面鼓脹的圓球。

底部用手捏緊。

4 靜置時間

將麵糰放在工作檯上，蓋上乾布，在室溫下靜置10分鐘。拿出烘焙紙，配合烤模的底部摺出褶痕，再配合烤模高度剪開褶痕，鋪放在烤模內側。

5 整形

撒上手粉，再度將麵糰整形成表面鼓脹的圓球，底部用手捏緊。

6 第二次發酵

麵糰收口朝下放進烤模中，用烤箱的發酵功能，以35℃發酵50分鐘。

＊或是蓋上乾布，在室溫下發酵到脹大為止。

麵糰脹大一圈即可。把烤盤放進烤箱，預熱至180℃。

＊烤盤一起預熱，強化底火，才能讓麵糰順利膨脹起來。

7 烘烤

用刷子在表面塗上牛奶，放進烤箱內的烤盤上（請小心不要燙傷），以180℃烘烤約20分鐘。烤好後迅速取出烤模放涼。

＊烤好後沒有馬上取出，蒸氣會聚集在烤箱裡，使麵包外側凹陷，請留意。

迷你生吐司

時下流行口感鬆軟又細緻的生吐司,也可以用免揉技法做出來。

加一點鮮奶油混在麵糰裡,可讓口感更加滑潤。

生吐司的「生」,是指不必用烤麵包機烤過,直接吃就很美味的意思。

先來嘗嘗看剛出爐的簡樸風味吧!

材料（1個18×8×6cm烤模分量）

A 高筋麵粉⋯150g
　　砂糖⋯15g
　　鹽巴⋯3g
B 酵母粉⋯½小匙（1.5g）
　　鮮奶油⋯30g
　　水⋯90g
　　蜂蜜⋯5g
　　無鹽奶油⋯15g
增添色澤用牛奶⋯適量

事前準備

· 奶油先用微波爐加熱40秒，融化後散熱備用。

· 在烤模型內側鋪上烘焙紙。

作法

1　製作麵糰　依序將**B**量好分量加進調理盆中，用打泡器攪拌均勻，再依序將**A**量好分量加進盆中，用刮板攪拌2分鐘，直到無粉狀為止。覆蓋保鮮膜，在室溫下靜置30分鐘。

2　用沾濕的手從盆緣將麵糰拉起來，往中心摺疊，沿著盆緣重複此動作1圈半。將麵糰翻面，覆蓋保鮮膜，在室溫下靜置30分鐘。

3　第一次發酵　將裝有麵糰的調理盆放進冰箱蔬果室中，發酵一晚（6小時）～最長2天，直到麵糰的高度膨脹到兩倍以上。從蔬果室中取出麵糰，放在室溫下30分鐘回溫（盛夏期間，請直接進行下一個步驟）。

4　分切&滾圓　靜置時間　麵糰表面撒上手粉（高筋麵粉，分量外）後取出麵糰。再撒上手粉，用刮板呈放射狀切成3等份。用手整形成表面鼓脹的圓球，底部用手捏緊。蓋上乾布，在室溫下靜置10分鐘。
　　＊1份麵糰約102g

5　整形　第二次發酵　撒上手粉，再度將麵糰整形成表面鼓脹的圓球，底部用手捏緊。收口朝下，放進烤模裡，用烤箱的發酵功能，以35℃發酵50分鐘。
　　＊或是蓋上乾布，在室溫下發酵到麵糰脹大。

6　烘烤　將烤盤放進烤箱，預熱至180℃。用刷子將牛奶刷在表面上，放進烤箱裡（請小心不要燙傷），以180℃烘烤約20分鐘。從烤模中取出，放涼。
　　＊也可以塗上奶油再享用。

咖啡巧克力迷你吐司

無法抗拒咖啡和巧克力的人，這款麵包的組合會成為你的最愛。

混入咖啡微苦味道的麵糰，把黑巧克力裹捲起來，

烘烤出帶有成熟風味的麵包。

在麵糰裡加點萊姆葡萄乾，也很美味。

材料（1個18×8×6cm烤模分量）

A 高筋麵粉…150g

　砂糖…20g

　鹽巴…3g

B 酵母粉…½小匙（1.5g）

　牛奶…80g

　水…30g

　米油…10g

即溶咖啡（顆粒狀）…1大匙

巧克力磚（黑巧克力）…⅘片（40g）

事前準備

・把咖啡加進**B**的水中，用微波爐加熱20秒，使咖啡溶化。

・巧克力磚切成1cm塊狀。

・烤模內側鋪上烘焙紙。

作法

1 製作麵糰 依序將**B**量好分量加進調理盆中，用打泡器攪拌均勻，再依序將**A**量好分量加進盆中，用刮板攪拌2分鐘，直到無粉狀為止。覆蓋保鮮膜，在室溫下靜置30分鐘。

2 用沾濕的手從盆緣將麵糰拉起來，往中心摺疊，沿著盆緣重複此動作1圈半。將麵糰翻面，覆蓋保鮮膜，在室溫下靜置30分鐘。

3 第一次發酵 將裝有麵糰的調理盆放進冰箱蔬果室中，發酵一晚（6小時）～最長2天，直到麵糰的高度膨脹到兩倍以上。從蔬果室中取出麵糰，放在室溫下30分鐘回溫（盛夏期間，請直接進行下一個步驟）。

4 滾圓 靜置時間 麵糰表面撒上手粉（高筋麵粉，分量外）後取出麵糰，用手整形成表面鼓脹的圓球，底部用手捏緊。蓋上乾布，在室溫下靜置10分鐘。

5 整形 第二次發酵 麵糰的兩面都撒上手粉，將麵糰翻面，用擀麵棒擀成15×15cm的正方形，上面平均撒上巧克力，只保留下方2cm不撒（圖**a**）。從麵糰上方往下捲一圈後用力壓一下，做成芯（圖**b**），再輕輕地繼續捲到底，捲完後將麵糰收口處牢牢捏緊。收口朝下，放進烤模裡（圖**c**），用烤箱的發酵功能，以35℃發酵50分鐘。

＊或是蓋上乾布，在室溫下發酵到麵糰脹大一圈。

6 烘烤 將烤盤放進烤箱，預熱至180℃。將麵糰放進烤箱（請小心不要燙傷），以180℃烘烤約20分鐘。從烤模中取出，放涼。

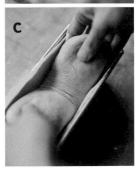

Mini brioche raisin bread

葡萄乾布里歐迷你吐司

大人小孩都喜歡，每一口都咬得到葡萄乾的吐司，
添加蛋液和奶油，做成略顯高級感的布里歐麵糰。
葡萄乾上灑點水再送進微波爐加熱，增添濕潤口感。
不分切麵糰，整形成稱為「one roof」的山形吐司。

材料 （1個18×8×6cm烤模分量）

A 高筋麵粉…150g
   砂糖…15g
   鹽巴…3g

B 酵母粉…½小匙（1.5g）
   蛋液50g（取出1大匙另作塗抹材料）＋牛奶…120g
   蜂蜜…5g
   無鹽奶油…15g

葡萄乾…45g

事前準備

・奶油先用微波爐加熱40秒，融化後散熱備用。

・將葡萄乾裝進耐熱容器中，加進1大匙水，覆蓋保鮮膜後用微波爐加熱1分鐘，溫度下降後擦乾水分。

・在烤模內側鋪上烘焙紙。

作法

1 製作麵糰 依序將**B**量好分量加進調理盆中，用打泡器攪拌均勻，再依序將**A**量好分量加進盆中，用刮板攪拌2分鐘，直到無粉狀為止。加進葡萄乾混勻。覆蓋保鮮膜，在室溫下靜置30分鐘。

2 用沾濕的手從盆緣將麵糰拉起來，往中心摺疊，沿著盆緣重複此動作1圈半。將麵糰翻面，覆蓋保鮮膜，在室溫下靜置30分鐘。

3 第一次發酵 將裝有麵糰的調理盆放進冰箱蔬果室中，發酵一晚（6小時）～最長2天，直到麵糰高度膨脹成兩倍以上。從蔬果室中取出麵糰，放在室溫下30分鐘回溫（盛夏期間，請直接進行下一個步驟）。

4 滾圓 靜置時間 在麵糰表面撒上手粉（高筋麵粉，分量外）後取出麵糰，用手整形成表面鼓脹的圓球，底部用手捏緊。蓋上乾布，在室溫下靜置10分鐘。

5 整形 第二次發酵 麵糰的兩面都撒上手粉，將麵糰翻面，用擀麵棒擀成15×15cm的正方形（裸露在麵糰外的葡萄乾會烤焦，請撥入麵糰裡）。從上方往下捲一圈後用力壓一下，做成芯（請參考第45頁圖**b**），再慢慢地捲到底，捲完後將麵糰收口處牢牢捏緊。收口朝下，放進烤模裡，用烤箱的發酵功能，以35℃發酵50分鐘。

＊或是蓋上乾布，在室溫下發酵到麵糰脹大一圈。

6 烘烤 將烤盤放進烤箱，預熱至180℃。用刷子將之前取出的蛋液塗在表面上，用剪刀在表面上剪出3個1cm深的「人」字形（圖**a**），放進烤箱裡（請小心不要燙傷），以180℃烘烤約20分鐘。從烤模中取出，放涼。

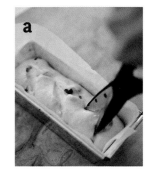

Mini edamame & bacon bread

毛豆培根迷你吐司

把毛豆和培根、起司都捲進麵糰，
烘烤出營養豐富的吐司。
即使在沒有食欲的早晨，見到它，
也能胃口大開吧！
用奶油起司烤出來的味道相當濃郁，
如果沒有奶油起司，
改用披薩乳酪絲也很美味。

材料 （1個18×8×6cm烤模分量）

A 高筋麵粉…150g
  砂糖…15g
  鹽巴…3g

B 酵母粉…½小匙（1.5g）
  牛奶…80g
  水…35g
  米油…10g

奶油起司…50g

毛豆（冷凍產品，解凍後去殼取出豆仁）…50g

培根…2片

粗粒黑胡椒…適量

披薩用乳酪絲…3大匙

事前準備

・奶油起司在室溫下回溫。

・培根切成1cm寬。

・烤模內鋪上烘焙紙。

作法

1 製作麵糰 依序將**B**量好分量加進調理盆中，用打泡器攪拌均勻，再依序將**A**量好分量加進盆中，用刮板攪拌2分鐘，直到無粉狀為止。覆蓋保鮮膜，在室溫下靜置30分鐘。

2 用沾濕的手從盆緣將麵糰拉起來，往中心摺疊，沿著盆緣重複此動作1圈半。將麵糰翻面，覆蓋保鮮膜，在室溫下靜置30分鐘。

3 第一次發酵 將裝有麵糰的調理盆放進冰箱蔬果室中，發酵一晚（6小時）～最長2天，直到麵糰的高度變成兩倍。從蔬果室中取出麵糰，放在室溫下30分鐘回溫（盛夏期間，請直接進行下一個步驟）。

4 滾圓 靜置時間 麵糰表面撒上手粉（高筋麵粉，分量外）後取出麵糰，用手整形成表面鼓脹的圓球，底部用手捏緊。蓋上乾布，在室溫下靜置10分鐘。

5 整形 第二次發酵 麵糰的兩面都撒上手粉，將麵糰翻面，用擀麵棒擀成15×15cm的正方形，均勻塗上奶油起司，只保留下方2cm不塗。依序將毛豆→培根→黑胡椒撒在上面（圖**a**）。從上方往下捲一圈後用力壓一下，做成芯（請參考第45頁圖**b**），再輕輕繼續捲到底（圖**b**），捲完後將麵糰收口處牢牢捏緊。用刀切成3等份，切面朝上放進烤模裡（圖**c**），用烤箱的發酵功能，以35℃發酵50分鐘。

＊或是蓋上乾布，在室溫下發酵到麵糰脹大。

6 烘烤 將烤盤放進烤箱，預熱至180℃。麵糰上撒上披薩用乳酪絲，放進烤箱裡（請小心不要燙傷），以180℃烘烤約20分鐘。從烤模中取出，放涼。

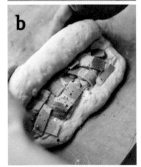

抹茶白巧克力大理石紋迷你吐司

製作抹茶與白吐司兩種顏色的麵糰，交疊整形後，就出現了大理石紋路。
看到吐司切開的斷面如此賞心悅目，令人不禁湧現滿滿的幸福感。
這裡使用抹茶的無敵搭檔白巧克力作為裹捲餡料，
建議不妨改用甘納豆或黑豆來搭配出不同的滋味。

（1個18×8×6cm烤模分量）

・烤模內鋪上烘焙紙。

材料

【白吐司麵糰】

A 高筋麵粉…80g

　　砂糖…10g

　　鹽巴…¼小匙（1.5g）

B 酵母粉…¼小匙（0.75g）

　　牛奶…40g

　　水…15g

　　米油…5g

【抹茶麵糰】

A 與上相同

　　抹茶…4g

B 與上相同

白巧克力粒…35g*

＊也可改用白巧克力磚，切成1cm塊狀。

作法

1 製作麵糰　製作白吐司麵糰。依序將**B**量好分量加進調理盆中，用打泡器攪拌均勻，再依序將**A**量好分量加進盆中，用刮板攪拌2分鐘，直到無粉狀為止。抹茶麵糰也用同樣方法製作，分別覆蓋保鮮膜，在室溫下靜置30分鐘。

2 用沾濕的手從盆緣將麵糰拉起來，往中心摺疊，沿著盆緣重複此動作1圈半。將麵糰翻面，覆蓋保鮮膜，在室溫下靜置30分鐘。

3 第一次發酵　將裝有麵糰的調理盆放進冰箱蔬果室中，發酵一晚（6小時）～最長2天，直到麵糰高度膨脹到兩倍以上。從蔬果室中取出麵糰，放在室溫下30分鐘回溫（盛夏期間，請直接進行下一個步驟）。

4 滾圓 靜置時間　在麵糰表面撒上手粉（高筋麵粉，分量外）後取出麵糰，用手整形成表面鼓脹的圓球，底部用手捏緊。蓋上乾布，在室溫下靜置10分鐘。

5 整形 第二次發酵　麵糰的兩面都撒上手粉，將麵糰翻面，用擀麵棒擀成15×15cm的正方形。白吐司麵糰與抹茶麵糰上方錯開2cm疊放在一起，上面均勻撒上白巧克力粒，只保留下方2cm不撒（圖**a**）。從上方往下捲一圈後用力壓一下，做成芯（圖**b**），再輕輕地繼續捲到底，捲完後將麵糰收口處牢牢捏緊。收口朝下放進烤模裡（圖**c**），用烤箱的發酵功能，以35℃發酵50分鐘。

＊或是蓋上乾布，在室溫下發酵到麵糰脹大一圈。

6 烘烤　將烤盤放進烤箱，預熱至180℃。麵糰放進烤箱裡（請小心不要燙傷），以180℃烘烤約20分鐘。從烤模中取出，放涼。

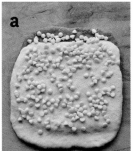

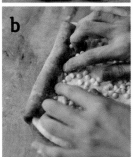

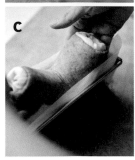

PART 3

免用烤模的
硬式麵包

在家做硬式麵包的門檻相當高，但剛出爐的美味無比，請務必試做看看。

橢欖形法國麵包、法國長棍麵包、法國鄉村麵包都要留下氣泡，

留意不要過度碰觸麵糰＝不要傷到麵糰，

若給予充分的蒸氣來烘烤，延遲表面烘烤到硬脆的時間，

麵糰在烘烤過程中就能好好膨脹，割紋也會順利裂開。

本章節介紹，使用一般電烤箱也能烘烤出好吃硬式麵包的方法。

Coupé

橄欖形法國麵包

橄欖形法國麵包是指長度較短、只劃一道割紋的硬式麵包。
用家用電烤箱烘烤，成功機率比法國長棍麵包要高很多，不妨試做看看。
材料很簡單，麵包的味道幾乎全部取決於麵粉的美味。
如果有中高筋麵粉，可以將食譜中的麵粉全部改用中高筋麵粉來試試看。

橄欖形法國麵包

Coupé

材料 （5個10cm長麵包分量）

A 高筋麵粉…100g
　低筋麵粉…50g
　砂糖…6g
　鹽巴…3g

B 酵母粉…¼小匙 (0.75g)
　水…110g*

＊夏天置於冰箱冷藏室冷卻，其他季節（包括冬天）加熱到近似自來水的溫度（約20℃）。

製作麵糰

依序將**B**量好分量加進調理盆中，用打泡器拌勻，再依序將**A**量好分量加進盆中，用刮板攪拌2分鐘，直到無粉狀為止。

靜置（30分鐘）

覆蓋保鮮膜，在室溫下靜置30分鐘。

拉摺

靜置（30分鐘）

用沾濕的手從盆緣將麵糰拉起來，往中心摺疊，沿著盆緣重複此動作1圈半（拉摺）。將麵糰翻面，覆蓋保鮮膜，在室溫下靜置30分鐘。

第一次發酵

用膠帶等在麵糰邊做記號，放進冰箱蔬果室中，發酵一晚（6小時）～最長2天。

麵糰的高度膨脹到兩倍以上即可。從蔬果室中取出麵糰，放在室溫下30分鐘回溫（盛夏期間，請直接進行下一個步驟）。

＊沒膨脹到兩倍時，放在室溫下直到麵糰脹大到兩倍以上。

3 分切&滾圓

麵糰表面撒上手粉（高筋麵粉，分量外），倒扣調理盆，取出麵糰。再撒上手粉，用刮板呈放射狀切成5等份。將麵糰邊緣往中間聚攏後翻面，用手整形成表面鼓脹的圓球，底部用手捏緊。

＊請輕輕滾圓，以免破壞麵糰裡面的氣泡。

4 靜置時間

麵糰放在工作檯上,蓋上乾布,
在室溫下靜置15分鐘。

＊1份麵糰約53g

5 整形

撒上手粉,將麵糰翻面,用手壓
成8cm長的橢圓形,從上方⅓處
往下摺疊,

旋轉180度,上下對調,再從上
方⅓處往下摺疊。

再從上方往下對摺,

＊每次摺疊都會使麵糰表面鼓脹起來,
　烘烤時,割紋線就容易裂開了。

用手牢牢捏緊收口處,形成9cm
長的棒狀。

6 第二次發酵

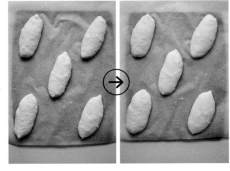

在與烤盤大小相同的板子或厚紙(雜誌)
鋪上烘焙紙,麵糰收口朝下,等距分散排
放,蓋上乾布,在室溫下靜置40分鐘(夏
天置於室溫下20分鐘後,再放進冰箱冷
藏室20分鐘)。麵糰稍微脹起來就OK了。

7 烘烤

完成第二次發酵超過20分鐘
前,將兩枚烤盤放進烤箱,以能
設定的最高溫度預熱。用手持
式篩網將高筋麵粉(分量外)篩
在麵糰表面上,用割紋刀在麵糰
中央劃出一道割紋線。

＊以割紋刀刀尖斜切入麵糰,像在削
　麵糰一樣。劃不開時,請重複操作幾
　次。

用噴霧器噴霧3次(直接噴在麵
糰上會噴散麵糰的手粉,請將噴
水口朝上),烤箱裡的兩枚烤盤
中間也用噴霧器噴霧3次,

將麵糰連同烘焙紙一起放進下
層烤盤,在上層烤盤注入80ml
的熱水(請小心不要燙傷)。以
180℃烘烤10分鐘(也可使用蒸
氣模式)→取出上層烤盤,再以
230℃烘烤約10分鐘。

＊沒有兩枚烤盤時,可在烤盤下方放一
　個裝有熱水的料理盤來烘烤。

Coupé with rice flour

米穀粉橄欖形法國麵包

不含麩質的米穀粉搭配少量的油，
做出口感較清淡的橄欖形法國麵包。
這款麵包表皮輕脆，
裡面比一般橄欖形法國麵包更加緊實。
由於咬勁十足，最適合夾上餡料，
做成三明治來享用。

用米穀粉橄欖形法國麵包製作

Bánh mi

越式法國麵包

越式法國麵包是越南路邊攤的代表三明治，
以米穀粉製作麵糰是主流。
當地的餡料是使用豬肝醬或雞肉丸，
本書改用較易入手的鯖魚罐頭，
調配成具有當地風味的餡料。

用米穀粉橄欖形法國麵包製作

Mini baguette with condensed milk cream

維也納奶油夾心棒

維也納奶油夾心棒是麵包店的人氣商品。
煉乳奶油和橄欖形法國麵包組合起來的滋味絕妙，
也是受歡迎的伴手禮。
由於奶油會軟化，要等麵包放涼後再把煉乳奶油抹進去。

Coupé with rice flour

米穀粉橄欖形
法國麵包

材料 （4個12cm長麵包分量）

A　高筋麵粉…100g
　　米穀粉…50g
　　砂糖…6g
　　鹽巴…3g
B　酵母粉…½小匙（1.5g）
　　水…100g
　　米油…10g

作法

1 製作麵糰 依序將**B**量好分量加進調理盆中，用打泡器攪拌均勻，再依序將**A**量好分量加進盆中，用刮板攪拌2分鐘，直到無粉狀為止。覆蓋保鮮膜，在室溫下靜置30分鐘。

2 用沾濕的手從盆緣將麵糰拉起來，往中心摺疊，沿著盆緣重複此動作1圈半。將麵糰翻面，覆蓋保鮮膜，在室溫下靜置30分鐘。

3 第一次發酵 將裝有麵糰的調理盆放進冰箱蔬果室中，發酵一晚（6小時）～最長2天，直到麵糰高度膨脹成兩倍以上。從蔬果室中取出麵糰，放在室溫下30分鐘回溫（盛夏期間，請直接進行下一個步驟）。

4 分切&滾圓 靜置時間 在麵糰表面撒上手粉（高筋麵粉，分量外）後取出麵糰，再撒上手粉，用刮板呈放射狀切成4等份，用手整形成表面鼓脹的圓球，底部用手輕輕捏緊。蓋上乾布，在室溫下靜置15分鐘。

＊1份麵糰約67g

5 整形 第二次發酵 撒上手粉，將麵糰翻面，用手將麵糰壓成10cm長的橢圓形，從上方⅓處往下摺疊，將麵糰旋轉180度，從上方⅓處往下摺疊，再從上方往下對摺，用手將收口牢牢捏緊。再整形成10cm長的棒狀，收口朝下，放進鋪好烘焙紙的烤盤上，蓋上乾布，在室溫下靜置40分鐘。

＊盛夏期間，放在室溫下20分鐘，再放進冰箱冷藏20分鐘。

6 烘烤 完成第二次發酵超過20分鐘前，將兩枚烤盤放進烤箱，以烤箱的最高溫度預熱。用手持式篩網將高筋麵粉（分量外）篩在麵糰表面上，以割紋刀在麵糰正中央劃一刀。用噴霧器在麵糰和烤箱內噴霧。將麵糰連同烘焙紙一起放進下層烤盤，在上層烤盤注入80ml的熱水（請小心不要燙傷）。以180℃烘烤10分鐘（也可使用蒸氣模式）→取出上層烤盤，再以230℃烘烤約10分鐘。

以米為原料做成的米穀粉，特徵是無麩質與香脆的口感。將麵粉類總分量的20～30%改用米穀粉，烤出來的麵包會更加酥脆。也可用不是麵包專用的米穀粉。

用米穀粉橄欖形法國麵包製作

Banh mi
越式法國麵包

（材料）（4個分量）

米穀粉橄欖形法國麵包（左頁）…4個
水煮鯖魚罐頭（瀝乾汁液）…½罐（95g）
培根…4片
┌ 白蘿蔔（切絲）…2cm
│ 胡蘿蔔（切絲）…⅓根
└ 鹽巴…2撮
A 魚露、砂糖、醋…各1小匙
香菜、甜辣醬…各適量

（作法）

1 將培根直接放進加熱的平底鍋中，兩面都煎到酥脆。白蘿蔔和胡蘿蔔上撒鹽，靜置10分鐘後，瀝乾水分，加**A**拌勻。

2 在橄欖形法國麵包側面橫切一刀，依序將步驟1做好的材料、鯖魚、香菜夾進去，淋上甜辣醬。

用米穀粉橄欖形法國麵包製作

Mini baguette with condensed milk cream
維也納奶油夾心棒

（材料）（4個分量）

米穀粉橄欖形法國麵包（左頁）…4個
無鹽奶油…70g
砂糖…30g
加糖煉乳…30g

（作法）

1 將在室溫下回溫軟化的奶油、砂糖、煉乳放進調理盆中，用橡膠刮刀攪拌到均勻滑順為止。在橄欖形法國麵包正中央切一刀，把拌勻的奶油夾進去。

法國長棍麵包

Baguette

這是一款體積越大越難烘烤的硬式麵包。

熟悉橄欖形法國麵包的作法之後,一定要嘗試製作看看。

把麵糰表面整形得圓滾滾的,避免麵糰塌下來,

如此表面的割紋線也容易裂開。

訣竅是垂直下刀,不用斜切。

材料 （1根30cm長麵包分量）

A 高筋麵粉…100g

低筋麵粉…40g

全麥麵粉…10g*

砂糖…6g

└ 鹽巴…3g

B 酵母粉…¼小匙（0.75g）

└ 水…110g

＊若沒有全麥麵粉，也可使用低筋麵粉10g取代。

作法

1 製作麵糰 第一次發酵 與「橄欖形法國麵包」
（第54頁）相同。在製作麵糰時，用刮板攪拌2分
鐘後，覆蓋保鮮膜，在室溫下靜置20分鐘。完成拉
摺步驟後，在室溫下靜置20分鐘，再做一次拉摺，
在室溫下靜置30分鐘後，再放進冰箱蔬果室中，
第一次發酵須10小時以上。

2 滾圓 靜置時間 在麵糰表面撒上手粉（高筋麵
粉，分量外）後取出麵糰。從下方往上對摺（圖
a），將麵糰旋轉90度後，再從下方往上對摺（圖
b），底部不用捏緊，輕輕整形成圓柱體。蓋上乾
布，在室溫下靜置20分鐘。

3 整形 第二次發酵 撒上手粉，將麵糰翻面，用手
將麵糰壓成寬15×長10cm的橢圓形，從上方⅓處
往下摺疊（圖**c**），將麵糰旋轉180度，從上方⅓處
往下摺疊（圖**d**），再從上方往下摺到½處（圖**e**），
再往下摺一次，讓上下的邊緣重疊在一起（圖**f**），
用手將收口牢牢捏緊。再將麵糰用手滾成28cm長
的棒狀，收口朝下，放在撒有手粉的帆布墊上，拉
起麵糰兩側的布使其立起來（圖**g**，維持麵糰的形
狀），在室溫下靜置40分鐘。

＊盛夏期間，放在室溫下20分鐘後，放進冰箱冷藏20分鐘。

4 烘烤 完成第二次發酵超過20分鐘前，將兩枚烤
盤放進烤箱，以烤箱最高溫度預熱。將麵糰放在
鋪好烘焙紙的厚紙上，用手持式篩網將高筋麵粉
（分量外）篩在麵糰表面上，用割紋刀在表面上劃
4刀（圖**h**）。用噴霧器在麵糰和烤箱內噴霧。將麵
糰連同烘焙紙一起放進下層烤盤，在上層烤盤上
注入80ml熱水（請小心不要燙傷）。以180℃烘烤
10分鐘（也可使用蒸氣模式）→取出上層烤盤，再
以230℃烘烤約18分鐘。

＊割割紋線時不用傾斜刀刃，以幾乎垂直的角度下刀。割紋
線大約10cm長，在前一刀尾端⅓處旁劃下一刀。

＊如果沒有帆布墊，可在麵糰上多撒一些手粉，用烘焙紙將
麵糰固定在中間，兩側用重物支撐，避免麵糰下塌。

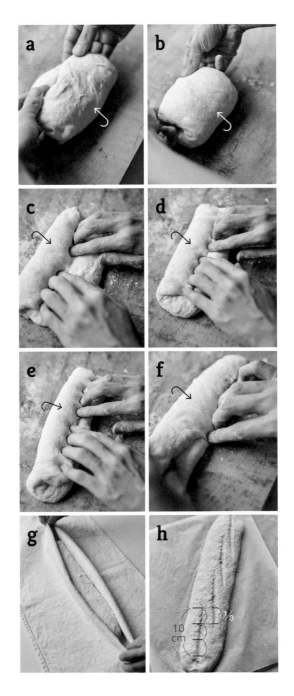

用法國長棍麵包製作三明治

生火腿與卡門貝爾起司

秘訣是在法國長棍麵包上塗一層厚厚的奶油。

材料（2個分量）

法國長棍麵包（長邊對切成2塊）…1條
生火腿…4片
卡門貝爾起司（切成4等份）…½個（50g）
奶油…適量

作法

1　將長棍麵包橫向剖開，依序塗上奶油，把生火腿、起司夾進去。

花生奶油醬與香蕉

把香蕉當作餡料，就變成美式PB&J三明治了。

材料（2個分量）

法國長棍麵包（長邊對切成2塊）…1條
花生奶油醬（微糖·含顆粒）…5大匙＊
香蕉（斜切成1cm寬片狀）…1根
＊使用「吉比（Skippy）」花生醬

作法

1　將長棍麵包橫向剖開，依序塗上花生奶油醬、夾進香蕉。

BLT三明治

吃得到多汁烤番茄的熱BLT三明治。

材料（2個分量）

法國長棍麵包（長邊對切成2塊）…1條
培根…4片
中型番茄（輪切成1cm寬片狀）…2顆
A 鹽巴…2撮
　　粗粒黑胡椒…少量
　　帕馬森起司…1大匙
橄欖油…1大匙
生菜葉…2片
奶油…適量

作法

1　用平底鍋以中火煎培根，兩面煎到酥脆。同時在旁邊熱橄欖油煎番茄，兩面煎成褐色後，把**A**撒在上面。在橫向剖開、塗好奶油的長棍麵包中，依序夾進生菜葉、培根和番茄。

熱狗

夾進熱狗與起司後，再烘烤一次做成的三明治。

材料（2個分量）

法國長棍麵包（長邊對切成2塊）…1條
熱狗…2條
顆粒芥末醬…1大匙
披薩用乳酪絲…5大匙

作法

1　在長棍麵包正中央劃一刀，依序把熱狗、顆粒芥末醬、起司夾進去，放進以220℃預熱好的烤箱中烘烤約10分鐘。

Prosciutto & Camembert cheese
生火腿與卡門貝爾起司

Peanut butter & banana
花生奶油醬與香蕉

BLT sandwich
BLT 三明治

Hot dog
熱狗

培根麥穗法國麵包

「Epi」在法語中是「麥穗」的意思。加入培根是源自日本的作法。
要讓烤出的麵包形態優美，
重點在剪刀的傾斜角度，將剪刀斜剪進麵糰，
毫不手軟地剪到底而不剪斷的程度，
烤出麥穗般造型的麵包吧！

材料（2條23cm長麵包分量）

A 高筋麵粉…100g

　　低筋麵粉…40g

　　全麥麵粉…10g

　　砂糖…6g

　└ 鹽巴…3g

B 酵母粉…¼小匙（0.75g）

　└ 水…110g

培根（其中1片長邊對切）…3片

粗粒黑胡椒…適量

作法

1　製作麵糰｜第一次發酵　與「橄欖形法國麵包」（第54頁）相同。

2　分切&滾圓｜靜置時間　麵糰表面撒上手粉（高筋麵粉，分量外）後取出麵糰，再撒上手粉，用刮板切成2等份，用手整形成表面鼓脹的圓球，底部輕輕捏緊。蓋上乾布，在室溫下靜置15分鐘。
　　＊1份麵糰約132g

3　整形｜第二次發酵　撒上手粉，將麵糰翻面，用手將麵糰壓長到與培根相同的長度。上面鋪放1片培根，撒上黑胡椒粉（圖**a**），沿著培根中線將麵皮往下摺（圖**b**）。正中間鋪上切半的培根（圖**c**），再從上往下對摺，讓上下麵皮邊緣重疊（圖**d**），牢牢捏緊收口處。收口朝下，放在鋪好烘焙紙的厚紙上，蓋上乾布，在室溫下靜置40分鐘。

4　烘烤　完成第二次發酵超過20分鐘前，將一枚烤盤放進烤箱，以烤箱最高溫度預熱。用手持式篩網將高筋麵粉（分量外）篩在麵糰表面上，用剪刀俐落地斜剪出6道深深的切口（圖**e**，剪到底部恰好能連結在一起的程度），每道切口都以左右交錯方式剪開（圖**f**）。用噴霧器在麵糰和烤箱內噴霧。將麵糰連同烘焙紙一起放進烤盤（請小心不要燙傷），以180℃烘烤10分鐘（也可使用蒸氣模式）→再以230℃烘烤約10分鐘。

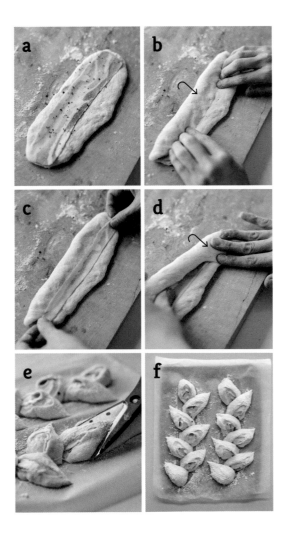

Fougasse with olive

法式橄欖葉形麵包

「Fougasse」是誕生於法國南部的可愛葉子造型麵包。
據說在燒柴生灶的時代，早上要確認灶火是否夠熱時，
就用這種短時間就能烤好的扁平葉形麵包來測試。
酥脆的口感搭配橄欖的鹹味，當作點心也很合適。

不去殼和胚芽，以整顆完整小麥磨出的全麥麵粉，最大的魅力是它的香氣。用來取代一般麵粉時，以占麵粉總分量的10％～30％為準。高筋、低筋麵粉都可以。「北海道產全力粉　キタノカオリ」★

★購入方式參見第88頁

材料 （2個18×14cm麵包分量）

A 高筋麵粉…120g
　　全麥麵粉…30g
　　砂糖…6g
　　鹽巴…3g

B 酵母粉…¼小匙 (0.75g)
　　水…105g
　　橄欖油…10g

橄欖（去籽青橄欖）…35g＊
潤飾用橄欖油…1小匙

＊瀝乾汁液，剖半。

作法

1 製作麵糰 依序將**B**量好分量加進調理盆中，用打泡器攪拌均勻，再依序將**A**量好分量加進盆中，用刮板攪拌2分鐘，直到無粉狀為止。加進橄欖，用手混合均勻。覆蓋保鮮膜，在室溫下靜置30分鐘。

2 用沾濕的手從盆緣將麵糰拉起來，往中心摺疊，沿著盆緣重複此動作1圈半。將麵糰翻面，覆蓋保鮮膜，在室溫下靜置30分鐘。

3 第一次發酵 將裝有麵糰的調理盆放進冰箱蔬果室中，發酵一晚（6小時）～最長2天，直到麵糰的高度膨脹成兩倍以上。從蔬果室中取出麵糰，放在室溫下30分鐘回溫（盛夏期間，請直接進行下一個步驟）。

4 分切&滾圓 靜置時間 在麵糰表面撒上手粉（高筋麵粉，分量外）後取出麵糰。再撒上手粉，用刮板切成2等份。用手整形成表面鼓脹的圓球，底部用手輕輕捏緊。蓋上乾布，在室溫下靜置15分鐘。

＊1份麵糰約154g

5 整形 第二次發酵 撒上手粉，用擀麵棒將麵糰擀成長15×寬12cm的橢圓形，放在鋪好烘焙紙的厚紙上。用刮板的長邊從中間劃一刀，再用短邊在左右兩側各斜劃3刀（圖**a**），用手拉寬切口（圖**b**）。蓋上乾布，在室溫下靜置45分鐘。

＊將兩份麵糰上下顛倒放置，拉坯作業會比較順手。訣竅在於底邊要拉成四角形。

a

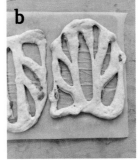
b

6 烘烤 完成第二次發酵超過20分鐘前，將一枚烤盤放進烤箱，以烤箱最高溫度預熱。用噴霧器在麵糰和烤箱內噴霧。將麵糰連同烘焙紙一起放進烤盤（請小心不要燙傷），以180℃烘烤10分鐘（也可使用蒸氣模式）→再以230℃烘烤約12分鐘。乘熱用刷子塗上橄欖油。

Pain de campagne
法國鄉村麵包

「campayue」在法語中是「鄉村」的意思。
混合精製度低的茶色麵粉，烘烤出這款樸實又深具風味的麵包。
如此簡樸的麵包，就讓立體的割紋當作美麗的襯飾吧！
整形時要特別意識到使麵糰鼓脹，並用大量蒸氣來烘烤。

奶油起司核桃法國鄉村麵包

Pain de campagne with cream cheeze & walnut

混在麵糰裡的核桃口感，與奶油起司香濃的滋味無與倫比。

一直想嘗試不加任何配料也吃不膩的鄉村麵包。

核桃會吸收水分，麵糰要做得比白麵包麵糰更加緊實，

烘烤出來的裂紋才會順利綻開。

Pain de campagne

法國鄉村麵包

材料（1個直徑13cm麵包分量）＊1個直徑18cm調理盆分量

A 高筋麵粉…120g

全麥麵粉…30g

砂糖…6g

鹽巴…3g

B 酵母粉…¼小匙（0.75g）

水…115g

作法

1 製作麵糰 依序將**B**量好分量加進調理盆中，用打泡器攪拌均勻，再依序將**A**量好分量加進盆中，用刮板攪拌2分鐘，直到無粉狀為止。覆蓋保鮮膜，在室溫下靜置20分鐘。

2 用沾濕的手從盆緣將麵糰拉起來，往中心摺疊，沿著盆緣重複此動作1圈半（拉摺）。將麵糰翻面，在室溫下靜置20分鐘後，再做一次拉摺，在室溫下靜置30分鐘。

3 第一次發酵 將裝有麵糰的調理盆放進冰箱蔬果室中，發酵10小時～最長2天，直到麵糰高度膨脹成兩倍以上。從蔬果室中取出麵糰，放在室溫下30分鐘回溫（盛夏期間，請直接進行下一個步驟）。

4 滾圓 靜置時間 麵糰表面撒上手粉（高筋麵粉，分量外）後取出麵糰，拉起麵糰邊緣往中心摺疊一圈（圖**a**），將麵糰翻面，用手將麵糰邊往下聚攏，使表面鼓脹成圓球（圖**b**），底部用手捏緊。蓋上乾布，在室溫下靜置15分鐘。

5 整形 第二次發酵 撒上手粉，將麵糰翻面，用手壓平後，再重複圖**a**、**b**的步驟，將麵糰重新整形滾圓，底部牢牢捏緊。在直徑18cm的調理盆中鋪上乾布，用手持式篩網篩進大量手粉，收口朝上放進盆中（圖**c**），蓋上乾布，在室溫下靜置60分鐘。

＊乾布請用潔淨的白布等不易起毛的棉布料。

＊盛夏期間，放在室溫下40分鐘後，就放進冰箱冷藏20分鐘。

6 烘烤 完成第二次發酵超過20分鐘前，將2枚烤盤放進烤箱，以烤箱最高溫度預熱。將麵糰翻面，放在鋪好烘焙紙的厚紙上，用手持式篩網篩上大量高筋麵粉（分量外），從麵糰面的邊到邊劃出十字形割紋線（圖**d**）。用噴霧器在麵糰和烤箱內噴霧，將麵糰連同烘焙紙一起放進下層烤盤，上層烤盤注入80ml熱水（請小心不要燙傷），以180℃烘烤10分鐘（也可使用蒸氣模式）→取出上層烤盤，再以230℃烘烤約20分鐘。

＊割紋線的深度約5mm。將十字紋的中心多劃幾次，讓割紋更加清晰，裂紋也能平均張開。

Pain de campagne with cream cheese & walnut

奶油起司核桃法國鄉村麵包

材料 （1個直徑13cm麵包分量）＊1個直徑18cm調理盆分量

A 高筋麵粉…120g

　高筋麵粉…30g

　砂糖…6g

　鹽巴…3g

B 酵母粉…¼小匙 (0.75g)

　水…115g

奶油起司…30g

核桃…30g

事前準備

・核桃先用烤箱以170℃烤7分鐘（或超過7分鐘）後，分成4等份。

・奶油起司切成1cm塊狀。

作法

1 製作麵糰 ～ 靜置時間 與「法國鄉村麵包」（左頁）相同。在製作麵糰時，用刮板攪拌2分鐘後，加進核桃，混合均勻。

2 整形 第二次發酵 撒上手粉，將麵糰翻面，用手將麵糰壓成直徑15cm的圓形，上半部擺放⅓分量的起司後對摺（圖**a**），再將⅓分量的起司擺在另半邊的麵糰上後對摺（圖**b**）。擺上剩下的起司，將麵糰邊拉到中間包起來（圖**c**），底部牢牢捏緊。在直徑18cm的調理盆中鋪好乾布，用手持式篩網篩進大量手粉，麵糰收口朝上放進盆中（參考左頁圖**c**），蓋上乾布，在室溫下靜置60分鐘。

＊盛夏期間，放在室溫下40分鐘後，放進冰箱冷藏20分鐘。

3 烘烤 與「法國鄉村麵包」（左頁）相同。

紅茶漬柳橙皮裸麥麵包

裸麥麵包給人厚實的印象,加上漬柳橙皮的甘甜和紅茶的香氣,
就變成了容易入口的美味。建議可依照個人的喜好,
添加白巧克力或堅果,或是抹上奶油起司來享用。

材料（2條18cm長麵包分量）

A 高筋麵粉…75g

　裸麥麵粉…75g

　紅茶（茶包・伯爵茶）…1袋（2g）

　砂糖…15g

└ 鹽巴…3g

B 酵母粉…½小匙（1.5g）

└ 水…100g

漬柳橙皮…30g

用裸麥磨成的裸麥麵粉，特徵是獨有的酸味和接近茶色的顏色，可做出麵身緊實的麵包。細磨型裸麥麵粉製成的麵包會更容易入口。「北海道產ライ麦全力粉 江別製粉」★

柳橙皮用砂糖和洋酒醃漬後再切碎的漬柳橙皮。與紅茶麵糰是絕配。這款產品的口感較濕潤。「うめはら 刻みオレンジピール」★

★購入方法均參考第88頁

作法

1 製作麵糰　依序將**B**量好分量加進調理盆中，用打泡器攪拌均勻，再依序將**A**量好分量加進盆中，用刮板攪拌2分鐘，直到無粉狀為止。倒入漬柳橙皮，混合均勻，覆蓋保鮮膜，在室溫下靜置30分鐘。

2 用沾濕的手從盆緣將麵糰拉起來，往中心摺疊，沿著盆緣重複此動作1圈半。將麵糰翻面，在室溫下靜置30分鐘。

3 第一次發酵　將裝有麵糰的調理盆放進冰箱蔬果室中，發酵一晚（6小時）～最長2天，直到麵糰的高度膨脹成兩倍以上。從蔬果室中取出麵糰，放在室溫下30分鐘回溫（盛夏期間，請直接進行下一個步驟）。

4 分切&滾圓　靜置時間　在麵糰表面撒上手粉（高筋麵粉，分量外）後取出麵糰，再撒上手粉，切成2等份，整形成表面鼓脹的圓球，底部用手捏緊。蓋上乾布，在室溫下靜置20分鐘。

＊1份麵糰約150g

5 整形　第二次發酵　撒上手粉，將麵糰翻面，用手壓成長12cm的橢圓形，從上方⅓處往下摺疊，將麵糰旋轉180度，從上方⅓處往下摺疊，再從上方往下對摺，用手牢牢捏緊收口處（裸露在麵糰外的漬柳橙皮會烤焦，請撥入麵糰裡）。用手滾動麵糰成16cm長的棍狀，收口朝下，放到鋪好烘焙紙的厚紙上，用烤箱的發酵功能，以35℃發酵45分鐘。

＊或是蓋上乾布，在室溫下發酵到麵糰脹大一圈。

6 烘烤　將一枚烤盤放進烤箱，以烤箱最高溫度預熱。麵糰表面用手持式篩網篩上高筋麵粉（分量外），然後以1cm間隔斜劃出9道割紋線（圖**a**）。用噴霧器在麵糰和烤箱內噴霧，將麵糰連同烘焙紙一起放進烤盤（請小心不要燙傷），以180℃烘烤10分鐘（也可使用蒸氣模式）→再以230℃烘烤約15分鐘。

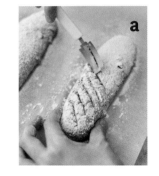

a

Brezel
蝴蝶餅

德國麵包的代表，可愛造型的起源有很多說法，
其中一個說法是「麵包師傅雙臂交叉抱在胸口的樣子」。
麵糰用加了小蘇打的水煮過一遍，就會帶有獨特的香味、顏色與口感。
不進行第一次發酵，烤出的麵包飽滿中帶著脆硬，富有嚼勁。

材料（4個13×10cm麵包分量）

A 高筋麵粉…75g
　　低筋麵粉…75g
　　砂糖…10g
　　鹽巴…3g

B 酵母粉…½小匙（1.5g）
　　水…80g
　　無鹽奶油…10g

小蘇打粉…10g
岩鹽（或粗鹽）…少量

事前準備

・奶油用微波爐加熱40秒，融化後散熱備用。

食用小蘇打粉也稱為「烘焙蘇打」，是利用其中的碳酸氣（二氧化碳）成分，來使沉重的麵糰膨脹。麵糰在加了小蘇打粉的熱水中煮過後，烤出來的蝴蝶餅會呈現出獨特的風味與色澤。

作法

1　製作麵糰　依序將**B**量好分量加進調理盆中，用打泡器攪拌均勻，再依序將**A**量好分量加進盆中，用刮板攪拌2分鐘，直到無粉狀為止。

2　分切&滾圓　靜置時間　從盆中取出麵糰，用刮板切成4等份，整形成表面鼓脹的圓球，底部用手捏緊。蓋上乾布，在室溫下靜置15分鐘。
　　＊1份麵糰約63g

3　整形　第二次發酵　撒上手粉（高筋麵粉，分量外），將麵糰翻面，用手稍微壓平後，從上方⅓處往下摺疊，將麵糰旋轉180度，從上方⅓處往下摺疊，再從上方⅓處開始往下摺疊3次，成為棒狀（參考第55頁的整形步驟），用手牢牢捏緊收口處。將麵糰用手滾動成長60cm的麵條狀（兩側和中央稍微粗一點），將兩側麵條在中間交叉兩次（圖**a**），再把麵條尾端往上拉，分別貼放在左右兩側的麵條上（圖**b**）。切割4張比麵糰稍大的烘焙紙，鋪在烤盤上，擺上麵糰，蓋上乾布，在室溫下靜置30分鐘。

4　水煮　烘烤　用平底鍋煮沸3又½杯水，加進小蘇打粉，將麵糰連同烘焙紙一起輕輕放進鍋中（圖**c**），取出烘焙紙，鋪回烤盤上。麵糰用中火煮30秒（不用翻面）後，瀝乾水分，放回烘焙紙上，用割紋刀在上方割出一道4cm長的橫割紋，上面撒岩鹽。在預熱至220℃的烤箱中烘烤約15分鐘。

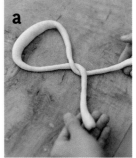

PART 4

摺疊2次的
摺疊麵包

摺疊麵包的魅力在於濃郁的奶油香，以及酥脆的口感，

成功的關鍵是做出漂亮的層次感。

因此麵糰和奶油都要維持在冷涼狀態，而且要迅速完成製作過程。

如果因為麵糰下塌，或是麵皮未順利擀開卻勉強繼續擀下去，

就會使摺疊麵包的層次消失，請注意這點。

本章節的食譜，將一般需要摺疊3次×3褶的程序，改成了摺疊2次。

Croissant
可頌麵包

開始做麵包後，一定會憧憬著用自己的雙手做出可頌麵包吧！
摺入麵糰的奶油軟化後，用擀麵棒擀開時就會融入麵糰裡，
如同布里歐麵包般，奶油一定要保持在冷涼狀態。
也可選擇在陰涼的室內製作。麵包完成的斷面呈現蜂巢狀時，
就證明製作得相當成功。

可頌麵包

Croissant

材料 （6個10cm長麵包分量）

A 高筋麵粉…100g
　低筋麵粉…50g
　砂糖…15g
　鹽巴…3g
無鹽奶油…15g

B 酵母粉…½小匙(1.5g)
　水…45g*
　牛奶…40g*
摺疊用無鹽奶油…75g
增添色澤用蛋液…適量

*夏天放冰箱冷藏，冬天加熱到30℃（不燙手的溫
　度）。溫度的調整方式請參考第14頁。

事前準備

· 摺疊用無鹽奶油先放在室溫下稍微軟
　化後，用保鮮膜包起來，以擀麵棒擀
　成12×12cm的正方形，再放進冰箱
　冷藏。

1 製作麵糰

靜置（30分鐘）

將切成1cm塊狀的冷涼奶油放
進調理盆中，依序將A量好分量
加進盆裡，用刮板邊切奶油邊
攪拌。

奶油變小後，用手指將奶油捏
碎，再繼續攪拌，直到與麵粉
混合成乾鬆的狀態。

依序將B量好分量加進另一盆
中，用打泡器攪拌均勻，倒進裝
有麵粉的盆裡，用刮板攪拌2分
鐘，直到無粉狀為止。覆蓋保鮮
膜，在室溫下靜置30分鐘。

拉摺　　靜置（30分鐘）

2 第一次發酵

用沾濕的手從盆緣將麵糰拉起來，往中
心摺疊，沿著盆緣重複此動作1圈半（拉
摺）。將麵糰翻面，覆蓋保鮮膜，在室溫
下靜置30分鐘。

在麵糰邊緣以膠帶等做記號，
將裝有麵糰的調理盆放進冰
箱蔬果室中，發酵一晚（6小
時）～最長2天。

麵糰高度膨脹成兩倍以上即可。
從蔬果室中取出，在麵糰冷涼狀
態下直接進行下一個步驟。

*麵糰沒膨脹到兩倍時，請放在室溫
　下直到脹到兩倍以上，再放進冰箱
　冷藏30分鐘。

3 摺疊

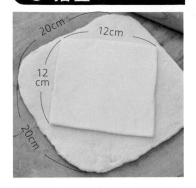

撒上手粉（高筋麵粉，分量外），用刮板將麵糰剝離調理盆，倒扣盆子取出麵糰，再撒上手粉，用擀麵棒擀成20×20cm的正方形麵皮，上面鋪放摺疊用奶油。

用麵皮把奶油包起來，收口處用手牢牢捏緊。

＊麵皮大小剛好能將奶油包起來，因此邊角都有奶油。

麵皮兩面都撒上手粉，用擀麵棒邊壓邊來回擀動1～2次，奶油變軟後，將麵皮擀成長40×寬15cm的長方形。

＊擀動太快會使整片奶油出現斷裂，請留意這點。

靜置（**15分鐘×2次**）

麵皮從上、下方反摺到中間，再對摺，形成4個摺層，四邊用擀麵棒按壓固定，裝入塑膠袋，放進冰箱冷凍室靜置15分鐘。將麵皮短邊朝下，再重複一次「擀開、摺疊→冷凍靜置」的步驟。

4 整形

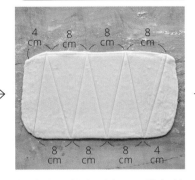

麵皮表面撒上手粉，用擀麵棒擀成寬28×16cm的長方形，如圖所示做上記號，切成6份底邊8cm的等邊三角形。

＊無法順利擀開時，放冰箱冷藏15分鐘以上。

用刀往下壓，平整切斷麵皮，從底邊慢慢往上捲到底。

＊一口氣壓下切斷，可使烤出來的可頌層次整齊分明。擺上巧克力磚捲起來，就變成巧克力可頌。

5 第二次發酵

收口朝下，平均分散放在鋪好烘焙紙的烤盤上（切剩的麵糰也聚集在一起擺放在烤盤上），用烤箱的發酵功能，以30℃發酵70分鐘。

麵糰脹大一圈後就OK了。烤箱預熱至200℃。

＊烤箱沒有發酵功能時，可蓋上乾布，放在室溫下發酵到麵糰脹大。

6 烘烤

表面塗上蛋液，以200℃烘烤約12分鐘。

Apple Danish pastry

蘋果丹麥酥

加入大量糖煮蘋果，彷彿蘋果派一樣的蘋果丹麥酥。

選用紅玉等帶酸味的蘋果，味道會特別濃郁。

葉片模樣的裂紋，不只是裝飾，也讓麵糰能更容易受熱。

依自己的喜好，也可試試撒點肉桂粉在蘋果上再包起來。

材料（6個8×6cm麵包分量）

A 高筋麵粉…100g
　低筋麵粉…50g
　砂糖…15g
　鹽巴…3g
無鹽奶油…15g
B 酵母粉…½小匙（1.5g）
　水…45g
　牛奶…40g

摺疊用無鹽奶油…75g*
【糖煮蘋果】
　蘋果（盡可能選用紅玉）…1顆（淨重250g）
　砂糖…20g
　檸檬汁…1小匙
　無鹽奶油…5g
潤飾‧增添色澤用蛋液…適量

*用保鮮膜包起來，以擀麵棒擀成12×12cm的正方形，放進冰箱冷藏。

作法

1 製作麵糰　將切成1cm塊狀的冷涼奶油放進調理盆中，依序將**A**量好分量加進盆裡，用刮板邊切奶油邊攪拌，再用手指將奶油捏碎。依序將**B**量好分量加進另一個調理盆中，用打泡器攪拌均勻，倒進裝有麵粉的盆裡，用刮板攪拌2分鐘混勻。覆蓋保鮮膜，在室溫下靜置30分鐘。

2 用沾濕的手從盆緣將麵糰拉起來，往中心摺疊，沿著盆緣重複此動作1圈半。將麵糰翻面，覆蓋保鮮膜，在室溫下靜置30分鐘。

3 第一次發酵　將裝有麵糰的調理盆放進冰箱蔬果室中，發酵一晚（6小時）～最長2天，讓麵糰高度膨脹到兩倍以上。

4 製作糖煮蘋果　蘋果削皮，平均切成8瓣，再切成1cm寬的塊狀，放進裝有融化奶油的鍋裡，以中火炒到變軟，加入砂糖、檸檬汁，煮到收汁之後，放涼。

5 摺疊　在麵糰表面撒上手粉（高筋麵粉，分量外）後取出麵糰，再撒上手粉，用擀麵棒擀成20×20cm的正方形麵皮，上面放上摺疊用無鹽奶油，用麵皮包裹住，收口處用手牢牢捏緊。撒上手粉，用擀麵棒將麵皮擀成長40×寬15cm的長方形，摺4個摺層後裝入塑膠袋，放進冰箱冷凍室靜置15分鐘。取出麵皮，長邊縱向擺放，再重複一次「擀開、摺疊→冷凍靜置」的步驟。

6 整形　第二次發酵　撒上手粉，用擀麵棒擀成長28×寬25cm的長方形，切齊麵皮的四邊，再切成6份8×13cm的大小（圖**a**）。將步驟4做好的糖煮蘋果放在麵皮下半部，用刷子將下半部的三邊都塗抹蛋液，對摺後牢牢壓緊收口（圖**b**）。翻面後，放到鋪好烘焙紙的烤盤上，用刷子在表面塗上蛋液，用割紋刀在斜對角劃出一條割紋線，再分別在左右各劃3條割紋線（圖**c**‧割紋深度不至於讓蘋果露出來）。用烤箱的發酵功能，以30℃發酵70分鐘。

*或是蓋上乾布，在室溫下發酵到麵糰脹大一圈。

7 烘烤　再一次用刷子在表面塗上蛋液，在預熱至200℃的烤箱中烘烤約15分鐘。

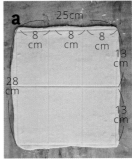

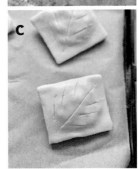

Pain au chocolat

法式巧克力麵包

把巧克力捲入摺疊麵糰裡，烤出來的香甜麵包。
在法國，這款麵包是與可頌麵包齊名的人氣代表作。
也可以搭配咖啡或歐蕾當作早餐享用。

Croissant aux amandes

杏仁可頌麵包

法語的原意是「加了杏仁的可頌麵包」，
是麵包店活用賣剩的可頌麵包的巧思。
麵包表面塗滿杏仁奶油，滋味豐富奢華。

法式巧克力麵包

材料 （6個9×7cm麵包分量）

A 高筋麵粉…100g

　 低筋麵粉…50g

　 砂糖…15g

　 鹽巴…3g

無鹽奶油…15g

B 酵母粉…½小匙（1.5g）

　 水…45g

　 牛奶…40g

摺疊用無鹽奶油…75g*

黑巧克力磚…1片（50g）

增添色澤用蛋液…適量

*用保鮮膜包起來，以擀麵棒擀成12×12cm
　的正方形，放進冰箱冷藏。

作法

1 製作麵糰 ～ 摺疊 和「可頌麵
包」（第78～79頁）相同。

2 整形 第二次發酵 撒上手粉，
用擀麵棒擀成長28×寬25cm的
長方形，切齊四邊，再切成6份
8×13cm大小的麵皮（參考第81
頁圖**a**）。麵皮下方鋪放一排巧
克力（圖**a**）當作芯，輕輕捲到底
之後，往下壓固定（圖**b**）。收口
朝下，放在鋪好烘焙紙的烤盤
上，用烤箱的發酵功能，以30℃
發酵70分鐘。

*或蓋上乾布，在室溫下發酵到麵糰脹
　大一圈。

3 烘烤 表面塗上蛋液，在預熱至
200℃的烤箱中烘烤約15分鐘。

杏仁可頌麵包

材料 （6個10cm長麵包分量）

可頌麵包（參考第77頁）…6個

杏仁粉…50g

無鹽奶油…50g

砂糖…50g

蛋液…50g

A 砂糖…1又½大匙

　 水…1大匙

　 萊姆酒…½大匙

杏仁片…20g

事前準備

・奶油和蛋液在室溫下回溫。

・將**A**放進耐熱容器中，用微波爐加熱30
　秒，使糖溶解。

・烤箱預熱至180度。

作法

1 將軟化的奶油、砂糖放進調理盆
中，用橡膠刮刀攪拌均勻，依序
加進打勻的蛋液（分次少量加
入）、杏仁粉，每次加入時都攪
拌均勻。

2 將可頌麵包正面對半剖開，在剖
面上用刷子塗上**A**，再夾入將近
1大匙步驟1做好的杏仁奶油。表
面塗上1大匙步驟1的杏仁奶油
（圖**a**），再鋪放上杏仁片，用烤
箱以180℃烘烤約15分鐘，直到
表面出現烤色為止。

Kouign-amann

法式焦糖奶油酥

這是法國布列塔尼地區的傳統甜點麵包，

在布列塔尼語中，「Kouign」是「點心」、「Amann」是「奶油」的意思。

美味的秘訣在於奶油麵糰上要灑滿砂糖，使烤過的表面產生酥脆的焦糖層。

鹽巴是用來提味的，能恰到好處的引出甘甜。

材料 （6個直徑7cm瑪芬烤模分量）

A 高筋麵粉…100g
　低筋麵粉…50g
　砂糖…15g
　鹽巴…3g

無鹽奶油…15g

B 酵母粉…½小匙（1.5g）
　水…45g
　牛奶…40g

摺疊用無鹽奶油…75g*
烤模用砂糖…3大匙

C 砂糖…1大匙
　鹽巴…1撮

*用保鮮膜包起來，以擀麵棒擀成12×12cm的正方形，放進冰箱冷藏。

作法

1 　製作麵糰　將切成1cm塊狀的冷涼奶油放進調理盆中，依序將**A**量好分量加進盆裡，用刮板邊切奶油邊攪拌，再用手指將奶油捏碎。依序將**B**量好分量加進另一個調理盆中，用打泡器攪拌均勻，加入裝麵粉的盆裡，用刮板攪拌2分鐘混勻。覆蓋保鮮膜，在室溫下靜置30分鐘。

2 　用沾濕的手從盆緣將麵糰拉起來，往中心摺疊，沿著盆緣重複此動作1圈半。將麵糰翻面，覆蓋保鮮膜，在室溫下靜置30分鐘。

3 　第一次發酵　將裝有麵糰的調理盆放進冰箱蔬果室中，發酵一晚（6小時）～最長2天，讓麵糰的高度膨脹到兩倍以上。

4 　摺疊　在麵糰表面撒上手粉（高筋麵粉，分量外）後取出麵糰，再撒上手粉，用擀麵棒擀成20×20cm的正方形麵皮，上面擺放摺疊用無鹽奶油，用麵皮包住，收口處用手牢牢捏緊。撒上手粉，用擀麵棒將麵皮擀成長40×寬15cm的長方形，摺出4個摺層後，裝入塑膠袋，放進冰箱冷凍室靜置15分鐘。取出麵皮，長邊縱向擺放，再重複一次「擀開、摺疊→冷凍靜置」的步驟。

5 　整形　第二次發酵　烤模內側用刷子塗遍在室溫下軟化的奶油（分量外），撒上砂糖。麵糰表面撒上手粉，用擀麵棒擀成寬28×20cm的長方形，切齊麵皮四邊，再切成6份9×9cm大小（圖**a**）。將左右對角往中間摺疊（圖**b**），上下對角也摺到中間後，用手牢牢壓緊（圖**c**），放進烤模中（圖**d**），依序撒上**C**，用烤箱的發酵功能，以30℃發酵70分鐘。

*或是蓋上乾布，在室溫下發酵到麵糰脹大一圈。

6 　烘烤　在預熱至200℃的烤箱中烘烤約18分鐘。麵糰進烤箱10分鐘、烤脹後，在烤模上依序放上烘焙紙、烤盤，烘烤3分鐘（為了讓表面變平）後取出放在上面的烤盤、烘焙紙，再烤5分鐘，直到表面呈現焦褐色為止。乘熱以竹籤將奶油酥從烤模中取出。

*冷掉後很難取出，請注意這點。

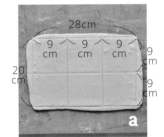

a

b

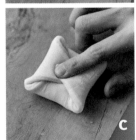

c

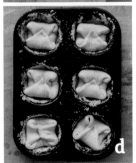

d

關於材料

介紹本書中使用的材料。麵包的口感取決於麵粉的味道，請務必選用自己偏好的食材。

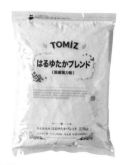

高筋麵粉

決定麵包味道的主要材料，請務必選用美味的麵粉。使用日本國產小麥製成的「春豐合舞」（Haruyutaka Blend）麵粉，可烘烤出充滿彈力的香甜麵包。「はるゆたかブレンド　江別製粉」★

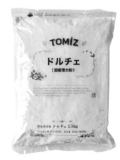

低筋麵粉

使用日本國產小麥的「Dolce」，風味極佳，用途也很廣。製作硬式麵包或摺疊麵包時，麵粉總分量的⅓改用Dolce，可以烤出脆脆硬硬的口感。也可以全部改用中高筋麵粉來製作。「ドルチェ　江別製粉」

酵母粉

使用在超市也買得到、不需事先發酵的即食乾酵母。本書用的是法國燕子牌的紅色包裝產品（低糖）。開封後放在冰箱冷藏保存，若無法在3個月內用完，請冷凍保存。「サフ　赤インスタントドライイースト」★

砂糖

使用市面常見的上白糖。請選用自己喜歡的蔗糖、三溫糖或細砂糖等。任何一種糖，都可依照食譜上的分量來使用。

鹽巴

請選用沒有精製過、帶有風味（甘甜味）的鹽。本書使用法國的海鹽「Guerande之鹽」，一種容易溶解的細鹽，選用顆粒狀的也可以。鹽巴和麵粉都是決定麵包味道的食材，請選擇美味的產品。「ゲランドの塩　微粒」★

水

使用濾水器濾過的自來水。使用市售礦泉水時，請選用接近日本自來水的軟水。硬度較高的水、鹼性水會使發酵無法順利進行，或使麵糰太過緊實，請避免使用。

牛奶

使用成分無調整的牛奶。也可以用豆漿（成分有調整或無調整皆可），但會使麵糰不太容易膨脹，也會改變風味。

食用油

麵糰裡加入少量的油，能使麵包變得更加柔軟好入口。本書使用的是米油，也可以改用沒有強烈風味的太白胡麻油或菜籽油。「こめしぼり」★

奶油

把融化的奶油加入鬆軟麵包、迷你吐司的麵糰裡，就能做出具有奶油風味的濃厚滋味。擀成平板狀夾進摺疊麵包的麵糰裡，製作出蓬鬆層次。本書使用無鹽奶油。

蜂蜜

具有保水性，能讓麵糰更加濕潤。請選用沒有特別氣味的蜂蜜。製作給未滿1歲的幼兒吃的麵包時，請以同量的砂糖來取代。

column

關於道具

本書使用的多半都是家裡有的器具，讓製作麵包更沒負擔。
製作法國長棍麵包用的帆布墊只要準備1片，就能長久使用。

調理盆

用來攪拌材料、發酵麵糰時，使用直徑18cm的耐熱玻璃容器。也可以不用玻璃製品，但透明的盆子更容易觀察到麵糰發酵的狀態。如果沒有玻璃調理盆，也可以在第一次發酵前將麵糰移到透明密閉容器（容量大約750ml）裡。

打泡器

用於混合酵母粉和水等。酵母粉不必完全融化，只要攪拌均勻即可，也可改用其他道具或湯匙來攪拌。

刮板

製作麵包時不可或缺的道具。上面的圓弧邊用來攪拌材料、從調理盆中取出麵糰。下面的直線邊，可用來分切或劃出紋路線條等。使用直徑18cm調理盆時，長度12cm的刮板最順手。稍微硬一點的刮板，攪拌起來比較順手。

電子秤

可測量到0.1g單位的電子秤最適用。分量精細到小數點以下的酵母粉，也可改用小匙來計算分量，所以能測到1g單位的產品也可以。將材料依序加入調理盆時，每次測量都重新歸0，計算分量就會很輕鬆。

擀麵棒

用來整形麵糰、擀開摺疊麵包的奶油等。本書用的是長度30cm的木製擀麵棒。也可以使用百圓商店的產品，稍粗一點的比較好用。

手持式篩網

在麵糰上撒手粉時使用。用擀麵棒擀麵糰、劃割紋線時，一定要撒手粉。為了順利將手粉均勻撒在整個麵糰表面上，手邊備有一個手持式篩網會很方便。百圓商店的產品就很好用了。

割紋刀

用於在硬式麵包上劃割紋，讓蒸氣散發、使麵糰能均勻膨脹，或是劃裝飾紋的道具。也可改用鋒利的小刀，或是沒加裝安全裝置的刮鬍刀等。

噴霧器

烘烤硬式麵包時，在麵糰表面和烤箱內部噴霧，可提高麵糰的膨脹效率，使表面硬脆。也可使用園藝用噴霧器。請避免使用水滴較大的百圓商店產品。

帆布墊

又稱「麵包發酵布」，把布拉起立在法國長棍麵糰的兩側，讓麵糰不會下塌，而能順利進行第二次發酵。想要烤出漂亮的硬式麵包，建議使用帆布墊。45×50cm的小型尺寸就足夠了。

★購買方式請參見第88頁

池田愛實（いけだ まなみ IKEDA Manami）

1988年生於日本神奈川縣藤澤市。育有6歲與4歲小孩的母親。畢業於慶應義塾大學文學系。大學在學時期即開始在巴黎藍帶廚藝學校東京分校麵包科學習，畢業後在同校擔任助理。26歲赴法國，於當地累積了兩家榮獲M.O.F（Meilleur Ouvrier de France，法國國家最佳職人獎）麵包店的工作經驗，回到日本後，擔任過東京都內餐廳的麵包食譜審核、製造與銷售的職務。2017年起在老家湘南地區經營一間主旨為「與法國麵包一起生活」的「crumb-クラム」教室，教導初學者製作法國麵包與法式熟菜。著有《藍帶麵包師的美味佛卡夏》（こねずにできる　ふんわりもちもちフォカッチャ）（家の光協会）、《烘焙初心者的天然酵母麵包》（レーズン酵母で作るプチパンとお菓子）（文化出版局）、《用鐵鑄鍋烘烤麵包》（ストウブでパンを焼く）（誠文堂新光社）等作品。

https://www.ikeda-manami.com/
Instagram:@crumb.pain

池田愛實 職人免揉麵包
出身藍帶學院的麵包師教您輕鬆烘焙40⁺天然美味麵包

作　　　者／池田愛實
譯　　　者／洪伶
美 術 編 輯／申朗創意
責 任 編 輯／夏淑怡
企畫選書人／賈俊國

總 　編 　輯／賈俊國
副 總 編 輯／蘇士尹
編　　　輯／高懿萩
行 銷 企 畫／張莉滎‧蕭羽猜‧黃欣

發 　行 　人／何飛鵬
法 律 顧 問／元禾法律事務所王子文律師
出　　　版／布克文化出版事業部
　　　　　　台北市中山區民生東路二段 141 號 8 樓
　　　　　　電話：(02)2500-7008　傳真：(02)2502-7676
　　　　　　Email：sbooker.service@cite.com.tw
發　　　行／英屬蓋曼群島商家庭傳媒股份有限公司城邦分公司
　　　　　　台北市中山區民生東路二段 141 號 2 樓
　　　　　　書虫客服服務專線：(02)2500-7718；2500-7719
　　　　　　24 小時傳真專線：(02)2500-1990；2500-1991
　　　　　　劃撥帳號：19863813；戶名：書虫股份有限公司
　　　　　　讀者服務信箱：service@readingclub.com.tw
香港發行所／城邦（香港）出版集團有限公司
　　　　　　香港灣仔駱克道 193 號東超商業中心 1 樓
　　　　　　電話：+852-2508-6231　　傳真：+852-2578-9337
　　　　　　Email：hkcite@biznetvigator.com
馬新發行所／城邦（馬新）出版集團 Cité (M) Sdn. Bhd.
　　　　　　41, Jalan Radin Anum, Bandar Baru Sri Petaling,
　　　　　　57000 Kuala Lumpur, Malaysia
　　　　　　電話：+603- 9057-8822　　傳真：+603- 9057-6622
　　　　　　Email：cite@cite.com.my
印　　　刷／卡樂彩色製版印刷有限公司
初　　　版／2023 年 04 月
定　　　價／380 元
I S B N／978-626-7256-59-6
E I S B N／978-626-7256-60-2（EPUB）

【日文原書】
設計／高橋朱里（marusankaku design）
攝影／衛藤キヨコ
風格設計／駒井京子
調理助理／增田藍美、野上律子
印務指導／金子雅一（凸版印刷株式會社）

採訪／中山み登り
校閱／滄流社
編輯／足立昭子

攝影支援／UTUWA

◎本書相關材料可洽詢株式會社富澤商店
網址　https://tomiz.com/　☎ 042-776-6488

KONEZUNI TSUKURERU BAKERY PAN　by MANAMI IKEDA
Copyright @ MANAMI IKEDA, 2022
All rights reserved.
Original Japanese edition published by SHUFU TO SEIKATSU
SHA CO.,LTD.
Complex Chinese translation rights reserved by Sbooker
Publications, a division of Cite Publishing Ltd.
This complex Chinese edition published by arrangement with
SHUFU TO SEIKATSU SHA CO.,LTD., Tokyo, through Haii AS
International Co., Ltd..

城邦讀書花園　布克文化
www.cite.com.tw　www.sbooker.com.tw